大樂文化

大樂文化

大樂文化

拖延寄生

42 招聰明管理時間 改變混亂人生！

陳美錦——著

CONTENTS

第3章

【宿主2】你是情緒型拖延嗎？ 057

第6章

【宿主5】你是逃避型拖延嗎？ 135

第7章

【宿主6】你是誘惑型拖延嗎？

第8章

時間管理——沒人監督也能自動按表操課！

第9章

前言

學會聰明管理時間，就能免除被拖延寄生！

早上七點鬧鐘響起，你心想：「再睡一下子吧，早餐吃快一點就不會遲到了」，於是關掉鬧鐘，翻身繼續睡。七點十分，鬧鐘又響了，你心想：「今天乾脆不吃早餐，再多睡一下」，又把鬧鐘關掉。七點二十分，鬧鐘再度響起，這次你想都不想便直接關掉。一直拖到七點半，只剩下換衣服和通勤的時間，於是不得不起床，連臉都沒洗便直接出門上班。

賴床是拖延最日常化的表現之一。此外，生活各方面也可以看到拖延的現象，像是堆積垃圾不倒、累積大量衣服不洗、放置工作不做等。有些人的拖延已經成為生活常態，經常拖到最後底線才開始焦急、恐慌。有位資深拖延者甚至說：「我不是正在拖延，就是正計畫著拖延。」

拖延症已成為許多心理學家和管理學家的重要研究課題，並被賦予明確定義如：「以推遲來逃避執行任務、做決定的特質或傾向，是一種自我阻礙和功能紊亂的行為。」

當拖延的情況嚴重影響到身心健康，並為此產生強烈的內疚、自責、焦慮及罪惡感等負面情緒，會使人陷入困境。

其實，拖延沒那麼可怕，大多數人的拖延體現在日常生活的小事上，例如：起床、倒垃圾、買東西、整理文件等，一般不會對身心產生太大影響。

但是，有些人的情況相當嚴重，他們在重大問題上也會拖延，此時便需要運用特定方法來處理。不過，再嚴重的情況也無須擔心，保持樂觀的心態總會找到解決問題的辦法。

本書專為解決拖延問題而生，書中介紹拖延的表現和成因，以及很多克服拖延的方法，讀者看完後可根據自己的情況對症下藥。當然，本書只負責開藥，你選擇立刻將藥服下，還是再拖一段時間，完全取決於自己。不過，相信你讀完本書後，會讓自己立刻服下。

NOTE

/ / /

拖延不只會帶來壓力與焦慮，也是向極限挑戰，簡直就是場危險的冒險，讓事情變得更糟糕，導致生活日復一日地被重壓控制，工作越來越痛苦、創造性思維越來越少。

什麼是拖延症？
你有嗎？

拖延是天生還是後天？從人類歷史找答案

為什麼人們一再被拖延折磨，卻沒辦法痛改前非？在探究這個問題的過程中，相信很多人會疑惑：「人類為什麼會拖延？人類的拖延從何而來？」沿著祖先的足跡，可以找到一些線索。

❖從歷史看拖延史

四千年前，古埃及人用象形文字記載拖延的概念，這些文字往往與農業相關。

西元前四四〇年，古希臘詩人海希奧德在他的長詩中用到拖延這個詞，他寫下：

「任務不能推遲到明天或下一個明天。懶漢的穀倉不會滿，拖延的人餓肚子；勤勞者做事都順利，拖延者什麼也做不成。」

到了十六世紀，英語中出現拖延這個詞。一五八四年，著名劇作家羅伯特．格林（Robert Greene）用到拖延一詞：「你會發現，拖延將帶來危險，而且危急時刻的拖延更會帶來災難。」

一七五一年，英國作家山繆．詹森（Samuel Johnson）針對拖延寫了一篇文章，他認為拖延雖然會被道德和理性修正，但沒有從人類的大腦中消失。四年後，拖延一詞被納入辭典，而今已經成為生活中的常用詞。透過以上這些文字資料，會發現拖延一直伴隨著人類。

❖拖延是迫於生存的選擇

那麼，為什麼人類的祖先會出現拖延的行為呢？針對這個問題，美國帝博大學的研究者給出答案：拖延是史前人類面臨生存問題時，無奈且被動的選擇。

過去的人類終其一生為生存而戰鬥，面臨的兩大挑戰分別是飢餓和寒冷。兩者相比之下，原始人解決飢餓的欲望比抗寒更加迫切，因此會花比較多的時間囤積食物。

然而，當冬天來臨，寒冷是急需解決的重大問題，準備禦寒用的獸皮衣服成為當務之急。即便如此，他們寧願延後趕製冬衣，也要先解決當前的食物問題，明知延遲製作冬衣會挨凍，但腹中空空的飢餓感更難忍受。

實際上，原始人並非刻意拖延，背後藏有非常無奈的現實考量，但在當時未構成太大的危害，算不上嚴重的問題。不過，當人類進入農耕時代，不再被生存問題逼迫，拖延帶來的危害就深刻地凸顯出來，例如：不按時耕種會延誤農時，導致當年欠收。

隨著文明的發展與進步，拖延帶來的弊端日益明顯。想必有人會好奇，既然從祖先時代就有拖延的現象，代表現代人的體內有不可剔除的拖延基因嗎？研究證明，這樣的基因並不存在，但拖延和大腦的運作密切相關。

舉例來說，有些生理或心理因素會導致拖延，像是執行障礙、注意力缺乏、持續緊張、失眠、情緒抑鬱、強迫症、情緒不穩定等，都和拖延有直接關係。得知拖延和大腦之間的高度關聯後，如果能更加瞭解大腦，可以更有效率地找到拖延的成因，對於克服拖延也相當有益。關於大腦和拖延之間的連結，之後的章節會有更詳盡的分析。

一旦被拖延寄生，疲勞、失眠……更容易找上門

當任務的最後期限逼近，很多拖延者內心會產生極大的壓力，像是擔憂、焦慮和緊張等。長期肩負這些慢性壓力，會為大腦和身體帶來很大的影響。

一般來說，處於重壓之下會出現兩種情況，一種是動手去做，另一種則是乾脆放棄。第一種情況是生物為了保護自己所產生的反應，當生命受到威脅時，快速反應可以即刻行動、逃離危險。其他動物身上也有相同情況，當斑馬感受到獅子靠近時，會飛快逃向安全地帶。

大腦有個部位叫作下視丘，接收到緊急信號便會分泌不同激素，調節身體的消化、內分泌、免疫系統等，使得心跳加快、血壓上升，開始大量分泌壓力荷爾蒙

（皮質醇和腎上腺素），讓身體可以瞬間釋放能量。

由於這種自我保護釋放出大量的能量，身體必須經過一段時間休整，才會逐漸恢復正常，就像是忙碌一整天後，晚上需要好好睡一覺才能恢復體力和精力。

然而，拖延者不會考慮到身體需要休整，經常不給自己充分時間休息，很常陷入高壓緊張的迴圈中：匆匆忙忙地應付完一件事情，下一件事的期限又開始逼近，必須再次投入緊急的工作中。

我們生活在競爭激烈的社會，每天都要鬥志昂揚地奮鬥，但是壓力總是接連不斷地襲來：這週要考試、明天還有個重要會議、房貸還沒還完、同事間的勾心鬥角、月底工作堆積如山、身體哪裡又不舒服了……。

居住地區的人口密度讓人喘不過氣，上下班高峰期幾乎把人逼瘋，就算身在遠離都市的偏鄉地區或度假島嶼上，只要收到一封等待回覆的電子郵件，便會使人感到壓力重重。

在慢性壓力之下，我們的身體會接連不斷地產生壓力荷爾蒙，久而久之大腦的某些重要部分會被破壞，導致腦細胞的自我修復能力不如預期，甚至無法刺激新神經生長。

拖延不只會帶來壓力與焦慮，也是向極限挑戰，簡直就是場危險的冒險，讓事情變得更糟糕，導致生活日復一日地被重壓控制，工作越來越痛苦、創造性思維越來越少。

科學家和醫生的報告顯示，如果壓力荷爾蒙不斷提高，會為新陳代謝帶來消極影響，導致疲勞、嗜睡，並傷害人體免疫力，提高被病毒感染的機率，引發各種疾病。

推遲還是拖拉？關鍵在於「理性」與「自願」

早在十六世紀，英文就有拖延這個詞，如果從字面上的意思來解讀，並不是指一般的延遲，而是不符合理性的推遲行為。拖延行為研究人員將其解釋為：**故意推遲開始某項工作的時間，或是提前結束，並為此產生不良情緒。**

這個概念看似簡單明瞭，但在生活中區分拖延和推遲時，難免感到困惑。根據研究人員的解釋，拖延者預感自己的行為會帶來糟糕後果，仍不願意盡早開始準備、積極行動，事後再感到懊悔或沮喪。推遲者則是積極行動，但在規定時間內仍未完成工作，即使為此產生不良情緒，仍不能算是拖延，而是推遲交工日期。

不論是拖延或推遲，都與時間有很大的關聯，但兩者仍然不可相提並論。以下舉幾個簡單例子區別兩者的差異。

如果將正事拋在一邊，從事其他事情來逃避當前任務，就屬於拖延的範疇。舉例來說，晚飯後本該洗碗，但是卻被電視節目吸引，導致下次做飯時沒有乾淨的餐具可以使用。明知拖延會帶來大大小小的煩惱，卻還是一拖再拖，這種消極行為就是拖延的表現。

相對地，如果突然發生緊急事件，不得不放下手頭的工作去處理突發狀況，則不等於拖延。舉例來說，某人正在後院修剪花草，發現馬路對面的垃圾桶著火，於是不得不放下手頭的園藝工作去滅火，處理完後又回來繼續整理花草，那麼當下的任務僅是被推遲而已。

此外，有些事情不在可控制範圍內，導致推遲的情況發生，也不能算是拖延。例如：原本答應同事要幫忙審閱檔案，第二天卻感冒發燒，不得已只好推遲。這當然不能歸類為拖延。

簡單來說，**拖延是種非理性、自願性的消極行為，推遲則有積極的一面，而且理性且被動。**

日常生活中，同個時間內往往不只要面對一項任務，可能還有一長串待辦事項，而選擇優先解決哪件事則要靠自己排序。如果不願意處理本該做的事情，而去做其他較不重要的事情，就會拖延當下任務，而這一切都是出於自己的選擇。

拖延會引發許多不良影響，例如：不洗衣服就沒有乾淨的衣服穿、不按期還款會降低信用等。拖延者當然知道會有這些後果，仍然不洗衣服和推遲還款，然後不得不承受隨之而來的焦慮情緒。

幾乎每個人都會受到拖延的誘惑，它隨時隨地發生在任何人身上，當我們推遲某件事，並感到擔憂和恐懼時，代表拖延已經侵入我們的生活。不過不用太擔心，雖然它無處不在，但並非不能改變。

【這不是拖延1】「避免侵害」而延遲

有些人並非每件事情都拖拖拉拉，而是在功勞或成果可能被竊取的情況下才拖延，這種情況在職場中比較常見。當榮譽感和自我價值貼合得過為緊密，一旦勞動成果遭到剝奪，就像失去自我。因此，為了不被搶走功勞，雖然知道自己該做正事，卻一邊因拖延而感到焦慮，一邊用這種消極手段保護自己的權益。

張亮的主管曾指派他負責旅遊廣告的工作，沒想到主管卻竊取他的創意、搶走功勞，一切的努力好像都白費了。張亮想到這裡，再也沒有心思蒐集資料、尋找創意和靈感，他一方面擔心創意被竊取，又擔心拖太久會被批評，直到主管開始催促，還是沒有心思工作。

張亮知道自己理應採取行動，卻遲遲不願意著手，並為此憂心忡忡。一般來說，拖延者通常是害怕事情本身，擔心做不好而必須承擔後果，但張亮的拖延是害怕後果，擔心心血被人竊取。也就是說，這是恐懼外界的心理。

然而，不能因為害怕被搶走功勞，而將拖延視為理所當然，如果孤零零的獅子害怕捕獲的獵物被獅群搶走，便停止捕獵，自己豈不是會餓死？因此，即使冒著獵物被奪走的危險，也必須抓捕獵物生存下去，只是要小心避開竊取者。

我們應該將重點放在如何不被搶走功勞，並重新認識與工作相關的對象，防範可能搶走功勞的人。如果從事創意工作，記得不要隨便把點子告訴旁人，特別是同行；如果從事銷售工作，也不要隨便讓同事幫忙接待客戶；如果從事文字工作，要注意保護自己的版權。總而言之，**保護自身權益有很多方法，但絕對不是拖延。**

【這不是拖延2】因「反抗」而拒絕行動

還有些人會為了反抗而拖延。舉例來說，你希望某人往東，他偏偏往西，你想要他做什麼，他卻偏偏不去做，這種情況多數是反抗情緒在作怪。

在反抗情緒的支配下，刻意不回應的情況十分常見，有些人不喜歡被人命令或限制，所以很常會唱反調，並且心想：「我本來準備要做，現在被強迫，我就偏偏不做！」

愛麗絲是個不喜歡被限制的女孩，平時與人相處融洽，但是當有人要求她去做某件事情，她就會生硬地回答：「我本來正打算要做，但你越是這麼期望，我越不想去做。」她認為被命令是件非常糟糕的事，讓她感到十足壓力，彷彿受到逼迫。

沒有人喜歡被強迫，但生活中有許多事情無法由自己決定，不得不屈服於現實，像是還貸款、納稅、考試等，都是生活附加給我們的責任，不得不在期限之前完成。如果用反抗的態度面對這些事情，生活會變得很難正常地進行下去。

反抗情緒讓我們把自己看得太重、過於強調自我，無法忍受自己被忽略，而且容易被周圍的人認定為不好打交道。時間一久，會發現自己變得孤立無援，當你需要他人幫忙時，別人也不會配合。

用拖延來宣洩反抗情緒無異於飲鴆止渴，是不成熟且不理性的表現，也無法讓自己真的變得更重要。在群體社會中生活，需要時時互相配合，當被人要求做某事時，若不能理解或真的不方便，至少要有耐心地溝通，釐清對方提出要求的原因。透過充分溝通理解他人，往後當自己有求於人時，也更容易得到正面的回應。

職場中最容易引發反抗情緒的拖延，後果也更加嚴重，甚至導致企業效率低下。根據統計，美國有三分之一的員工超負荷勞動，他們對老闆滿腹怨言卻無法正面反抗，便很可能將怨氣轉化為消極怠工。當老闆要求員工加班，他們會心想：「要加班嗎？那我就故意慢慢做！」

每個管理者都應避免類似情況，如果在制定規則時，能積極考慮如何提供員工更便利的生活，便可大為提高員工的積極性。例如：實行彈性工作制、輪班制等。很多公司已經開始重視這個問題，於是透過開辦免費幼稚園、提供進修機會等方式，讓員工享受公司福利，進而願意為公司盡心盡力。

當然，員工應該在工作中控制情緒，不要因為瑣事，而將拖延當作對抗的手段，反而削減自己的工作能力。

【這不是拖延3】為「報復」而刻意搗亂

研究表明，某些成年人會因為覺得受到傷害或不公正待遇，所以用拖延來報復，認為這個手段可以帶來復仇的快感。舉例來說，因為同事在會議中公開指出自己的缺點、家人沒有表達關心、主管臨時要求參加某個會議等事由，而感到痛苦煩躁，於是用拖延展開報復。當同事請求幫忙時，故意拖拖拉拉；晚上刻意晚歸；在主管主持的會議上遲到。

根據調查，報復的情緒與拖延的行為具有關聯性，內心報復的情緒越嚴重，越會表現出拖延的行為。對這類型的拖延者來說，這個世界應該存有公平正義，只有復仇才能讓一切回歸公正的軌道。

社會心理學家把這種價值觀稱作「公正世界理論」（Just-World Theory），簡單來說就是認為善有善報、惡有惡報，每分付出都應帶來相應收穫，好人不該發生不幸，壞人應得到該有的懲罰，因此傾向透過報復實現公平正義，並花費心力把不公平的事情扯平，而拖延便是報復手段之一。

然而，**拖延無法發揮復仇的作用，反而會影響個人形象**。維琪拉常常故意拖拖拉拉，報復那些惹火她的人。她認為主管不公，便故意在會議上遲到，以顯示主管的領導能力差，想讓他在眾人面前丟人。

但是，維琪拉的刻意拖延沒有達到復仇的目的，和主管之間的矛盾反而越演越烈，週遭的同事也開始對她有成見，因為她的報復行為造成其他與會人員的不便。維琪拉的行為只帶給自己短暫的快樂，實際上主管根本沒有察覺這是報復行為，只覺得她沒有基本的時間觀念、不堪重任。總而言之，維琪拉的做法充分暴露幼稚與狹隘，她以為故意拖延可以達到報復的目的，殊不知受害最深的是自己。

以下再舉賽利的事例。賽利的經理請她在會議時準備好季度銷售報告，但她為了報復經理故意拖著不交。直到會議開始，賽利都沒有提交報告，甚至搪塞說：

「印表機卡紙，怎麼也印不出來。」當她正沉浸於報復的快感，發現經理從會議室的玻璃窗緊盯著運行順暢的印表機。賽利意識到謊言被拆穿，連忙迅速列印報告，悄悄遞進會議室。

世界上不存在絕對的公平，報復只會消耗精力，與其處心積慮報復別人，不如集中精力做好該做的事。當能力與眼界到達一定的高度，會發現當初選擇報復的行徑是多麼幼稚。世界上沒有完美的人，怎麼能要求他人沒有任何錯誤呢？

驅除寄生筆記

- 拖延是史前人類面臨生存問題時，無奈且被動的選擇。
- 如果壓力荷爾蒙不斷提高，會導致疲勞、嗜睡，並使人體免疫力受到傷害，更容易被病毒感染，罹患各種疾病。
- 如果害怕有人搶走功勞與靈感，應該要注意保護自己的權利，而不是用拖延逃避傷害。
- 職場中最容易引發反抗型拖延，後果也更加嚴重，甚至使企業效率低下。
- 拖延無法成為復仇的武器，反而會影響個人形象，充分暴露出自己的幼稚與狹隘。

NOTE

/ / /

決策型拖延往往是日積月累而成，克服的辦法很簡單，只要拿出承擔後果的勇氣，就能果斷做出決定。

【宿主1】
你是決策型拖延嗎？

你經常把「都可以、你決定」掛嘴邊嗎？

人們每天都必須做大量決定，小至穿什麼衣服，大至選擇什麼工作。決策型拖延正是因猶豫不決所引起，當面對一些無法拿定主意的問題時，決策型拖延者就會把事情擱置一旁。

王勇是高三學生，正值填寫志願之際，面臨三種選擇：第一是選擇和好友報名同所學校，第二是父母建議他報名的學校，第三是選擇他喜歡的學校。他害怕自己選擇錯誤也難以承受後果，因此感到非常苦惱、遲遲拿不定主意，希望有人能替他做決定。

王勇屬於典型的決策型拖延者，這種類型相當常見，即使有能力做出適當的選擇，卻無法下定決心，經常期待別人替自己做決定。簡單來說，決策型拖延就是推遲決定。

❖決策型拖延者缺乏競爭力嗎？

有人說決策型拖延者缺乏個人競爭力，或是因為時間緊迫而無法做決定，但這種說法並不正確。美國研究人員針對時間緊迫感與競爭力之間的關係，進行以下觀察實驗。

這個實驗將一百個受試者分成兩組，分別是果斷和猶豫不決的人。接下來，研究人員請他們分類紙牌，如果旁邊的燈亮時，需要停下手邊的工作按下按鈕，測試兩組人各自需要花費多少時間才能分完紙牌。實驗證實，兩組人完成任務的時間相當接近，準確度也十分相似。

也就是說，猶豫不決的人在工作效率或競爭力方面沒有差人一等，也擁有迅速做出決定的能力，但是刻意選擇拖延。為什麼會有這樣的現象呢？研究人員經過調查發現，猶豫不決的人有些共同特質，例如：精神渙散、很難集中精力做一件事情，並且喜歡沉浸於幻想。

❖猶豫不決和果斷的人有什麼不同？

在心理學家的另一個實驗中，還可以發現一個有趣的現象。研究者讓果斷的人和猶豫不決的人各自選購一輛車，剛開始每個人只有兩輛車可供選擇，雙方稍微比較兩輛車的資訊後，很快地做出最佳選擇。

接下來，研究者將可供選擇的車逐漸增加到六輛，此時猶豫不決的人開始表現出決策困難，因為沒有耐心瞭解那麼多資訊。相對地，果斷的人說服自己掌握更全面的資訊，從中做出最合適的決定。

猶豫不決的人有能力掌握詳盡資訊，卻不願意花心思去瞭解，因為他們的注意力容易分散，甚至會在必須選擇時逃避，不願意花時間吸收資訊。決策型拖延往往是日積月累而成，克服的辦法很簡單，只要拿出承擔後果的勇氣，就能果斷地做出決定。

假如某天你打算到家具店買檯燈，店員清楚介紹各式檯燈的特色與資訊，但是你遲遲無法下定決心，很可能是因為不夠瞭解自己家的情況，例如：檯燈的規格是否適當、和家中的風格是否一致等。其實，只要拿出一點勇氣，先挑一個檯燈回家，如果實在不合適也可以退換。

逃避無法解決問題，生活和工作中都免不了要做決定，當面對生命中的重大事件時，再果斷的人也需要經歷權衡利弊的痛苦過程。即使抉擇會面臨天人交戰，依然要做決定，逃避只是掩耳盜鈴，問題不會憑空消失。

雖然我們不知道哪個選擇更好，但做出選擇勝過什麼都不選，只要拿出承擔後果的勇氣，就不會空手而歸，否則什麼都無法得到。

美國總統富蘭克林・羅斯福說：「就算選錯了，也比不做決定更好。」**把做決定的權利交給別人，等於交出自己的命運**。把選擇權交給別人後，自己真的能欣然承受一切後果嗎？最後很可能還是埋怨別人、埋怨自己，既然如此，為什麼不自己做決定呢？

世上沒有人永遠可以做出正確的選擇，人人都喜歡正確和成功、害怕錯誤和失敗。如果有人說：「選擇錯誤就是死路一條」，或是因為他人選擇錯誤而冷嘲熱諷、展開攻擊，那麼就用羅斯福的話回敬他吧！畢竟冒險和博弈是生命的永恆主題。

如何改善猶豫不決的性格？

猶豫不決的性格是先天還是後天因素？目前還沒發現專門影響人們果斷或猶豫的基因，但有研究證明，猶豫不決的人都有相似的成長環境，父母通常也有決策型拖延的習慣，或是刻板嚴肅、說一不二。

紐約雪城大學的研究者針對果斷和猶豫不決的人進行研究，發現父母在他們的成長過程中扮演非常重要的角色。如果父母冷峻而專斷，孩子往往變得沒有主見、決策困難，因為只能遵照父母的決定去做，即便提出不同意見，也會被冰冷地加以否決。久而久之，孩子習慣不對任何事發表意見，也不做決定。等到長大成人，逃避做決定的習慣已經根深柢固。

值得慶幸的是，拖延並非由基因決定，一個家庭中可能同時有猶豫不決和果斷的孩子。其中一個孩子若發現推遲或猶豫不決會帶來好處，便會逐漸養成延遲做決定的生活方式；另個孩子發現直面挑戰的意義，便會不斷前進，遇到任何需要決定的事情都不退縮。由此看來，即使是猶豫不決的孩子，透過後天努力同樣能克服決策型拖延。

一旦養成猶豫不決的性格，即使離開原生家庭也不會變得主動做決定，如果想擺脫這種性格，要糾正以下的錯誤認知。

首先，**決策型拖延拿不定主意的原因可能是為了逃避責任**，生活經驗告訴他們：不做決定就不必承擔責任。而且，現在許多成年人都抱持這種想法。

薩莉是個猶豫不決的人，因為不想承擔責任，所以從來不願意拿定主意。與朋友一起去看電影時，她會毫不猶豫地將選擇權交給朋友，當朋友選定某部電影並詢問有什麼想法，她依然不表態地說：「我都可以，你決定就好。」

看完電影後，如果兩人都感到相當滿意，便不會有任何問題。如果電影是薩莉所選，朋友認為不好看，她會感到自責且委屈。相反地，如果電影是朋友所選，她可以什麼也不說，或者是任意埋怨。

薩莉徹底放棄自己的選擇權利，不但沒做出選擇也沒發表明確的意見。但是，她忽略一個重點，如果朋友選擇的電影不好看，她沒有資格埋怨朋友，因為是她自願放棄。

猶豫不決的人一直活在「不用承擔責任」的保護傘下，習慣反覆將這把傘當作逃避的手段。然而，不做決定不代表不需要承擔後果，如果將大學志願交由父母決定，最後選擇一個不喜歡的科系，一切後果只能自行承擔。既然最後都要承擔後果，不如一開始就自己拿定主意，這才是負責任的態度。

其次，研究者發現**決策型拖延者不瞭解自己的優缺點**，不願意多思考生活的意義和價值，導致無法釐清自己和周圍事物的關係，也沒辦法做出明確選擇。前文提到薩莉的例子正是如此，她可能連自己喜歡看什麼電影也不清楚，又怎麼能做決定？

相對地，研究者發現做事果斷的人非常瞭解自己，不但對自身有濃厚的興趣，也知道自己的優缺點與喜好，因此在做決定時，腦子會迅速整合訊息並得出結論。

由此可知，決策型拖延者應學習多瞭解自己。首先找出拖延某事的原因，即使只是小事也沒關係，重要的是明白內心的真實想法。接下來，把這些心理過程詳細記錄下來，便能更加瞭解自己，並找到和心理因素戰鬥的方法。

如果各位也是猶豫不決的性格，不必過於遷怒家庭環境，因為抱怨並沒有任何意義。與其花時間埋怨無法改變的過去，不如多瞭解自己，重新集中分散的精力，之後面臨必須做出選擇的情況時，就不會過於慌亂和猶豫。

5方法教你培養後天的決策力！

決策型拖延者往往不太關注成功，而是將心力與重心集中於失敗上，甚至在還沒得出結論或結果前，就先假設事情會一敗塗地，這種假定的失敗深深支配決策型拖延者的行動。

正如前文所說，猶豫不決的人把選擇權交給其他人，以免於承擔糟糕的後果，如果實在不得不做出選擇，也不願意多蒐集資訊，以便往後可以推拖說：「因為我不瞭解情況。」

猶豫不決的人內心存在「假設選擇錯誤」，也就是一開始便假設自己的決定錯誤。在這個前提之下，做出明智選擇的機率將大幅降低，畢竟最初抱持失敗的心態，事情便會朝消極與負面發展，幾乎很難走向成功。而且，總是讓他人代替自己做決定，便無法預測事情的走向，也難以掌握成敗，即使偶爾取得成功，也不能算是憑藉自身的實力。

不過不用太擔心，**克服優柔寡斷的習慣並不難，只要改變關注的焦點，將注意力從畏懼失敗轉向期盼成功**，相信即可逐漸改善猶豫不決的個性。

雖然不是每個決定都會走向成功，但是只要每次做決定時，都能仔細考量、用心蒐集資料，便能提高決策的成功機率。如果你是決策型拖延者，可以現在開始改變自己，盡量在每次做決定時，將目光集中於成功上。

過去長時間養成不做決定的習慣，突然改變一定十分困難。不過，做決定就像身體的肌肉，需要經常鍛鍊。平時多練習抱持關注成功的心態，從小事開始鍛鍊決策力十分必要。

生活中有太多事情需要我們做決定，大至人生大事、小到食衣住行，樣樣都需要選擇，而鍛鍊決策力也有方法，不能盲目進行。以下幾項訓練決策力的方式，幫助我們找出潛藏在內心的恐懼。

1. 如果選項過多，可以進行分類

選擇的前提是有很多選項，果決的人會綜合分析並分類，確定哪個決定最適合自己。相對地，猶豫不決的人看到太多選項會陷入茫然狀態，生怕自己選錯，於是遲遲不肯做決定。

如何分類選項呢？假如在眾多工作中感到迷惘，可以將工作分為全職和兼職，再考慮工作風格，自己是喜歡每天按部就班地工作，還是自由支配時間？想從事外向業務型還是內向辦公室型工作？依此類推，直到完全分析出喜好為止。

2. 記錄讓自己猶豫不決的因素

分類選項並縮小範圍後，告訴自己：「我的選擇未必會以失敗告終，只要認真對待每個步驟，有很高的機率可能成功。」同時想像做出正確決策後的情景，增強想要成功的欲望。

3. 列出各個選項的利弊清單

假設你因為搬家問題而猶豫不決，不知道該住在離公司近的市區，還是和父母一起住在郊區。這時可以畫出表格，分別寫下它們的利弊並進行比較。除了列出詳盡的清單，比較的過程也要相當審慎，不能漏掉關鍵項目。仔細對比各選項的利弊後，應該能做出最佳選擇。

4. 堅定自己決定的事

做出決定後，如果沒有堅持到最後一刻，一樣會走向拖延的老路。雖然堅持的路上難免遇到挫折、自我懷疑，或是接二連三地冒出反對意見，但是在這個過程中，一定要相信自己的選擇並堅持下去。

5. 不要急於做決定

做決定並不是越快越好，而是越穩越好，必須蒐集和分析足夠且有效的資訊後，再做出決定。不用擔心資訊不夠全面，因為資訊隨時不斷變化，今天和明天的情況很可能完全不同。

對於決策型拖延者來說，突然頻繁地做決定會感到疲勞，但同時能增強決策力，培養自信心。訓練決策力如同學習技術或才藝，熟能生巧，總有一天會駕輕就熟，不再畏懼任何需要做決定的事情。

果斷的人會用4步驟拆解決策流程！

猶豫不決的人總是遲遲不肯果斷做決定，那些需要決定的事情彷彿充滿危險。這可能是因為大腦常把事情誇大、編織各式各樣的恐怖失敗故事，讓自己陷入不知所措的徬徨狀態。

該怎麼解決這些心理問題，以果決地做出理性決策呢？我們可以透過對比，瞭解果斷的人如何做決策，進一步得出擊敗決策型拖延的改善方法。

當決策型拖延者面對需要做決定的事情，往往無法明確且完整地描述問題，因為判斷時經常過於依賴情緒，總是想盡辦法逃避決策。然而，拖延的時間越長，越會猶豫不決，最後變成推卸責任。

相對地，理性而果斷的人在面對問題時，能夠清晰具體地加以描述，並做出具有可行性的決定。此外，他們會考慮事情背後的價值，懂得理性分析和判斷，而且關注如何解決問題。隨著時間推移，他們會推進解決問題的進度，自然地做出理性的決定。簡單來說，果斷的人會先清楚掌握問題全貌，不依賴情緒判斷，而是依靠理性分析。

大致理解果斷的人如何做決定後，可以據此整理出理性決策的流程，進而克服猶豫不決的習慣：

● 第一步：清楚、準確地描述需要決策的問題

每個人都希望得到明確的答案，卻經常忽略問對問題的重要性。其實，正確的決策隱藏在明確的問題當中。

● 第二步：朝著解決問題的方向盡量發問和回答

問題越多，決策越不容易出錯，做決定前可以先問自己：現在遇到的問題是什麼？什麼時候要解決？該怎麼解決？為什麼會產生問題等等。當以上疑問都得到明確的答案，便會對決策更有把握。

而且，反覆推導這些問題，可以使思緒越來越明確，直到走上理性果斷的正軌，而不再感情用事。

第三步：如果開始產生拖延心理，要盡力遏止

每個拖延者剛開始與猶豫不決戰鬥時，總免不了想縮回拖延的老路，此時必須遏止這種心理，最終才能成功戰勝自己。

第四步：大膽假設

任何問題都不只一個解決方案，而是有多樣化的選擇。為了找出最合適的解方，可以嘗試根據不同假設展開推理，思考每種選擇可能導致的結果。如果不善於假設或推論，可以詢問其他人有沒有其他看法，以便綜合考慮、進行對比，最終做出理性決定。

決策型拖延者剛開始運用這個流程時，不免會做出幾次失敗或不完美的決定，但只要照著這個流程繼續鍛鍊，便能逐漸掌握理性、有效率的決策方法，再也不用因無法下定決心而陷入天人交戰。

驅除寄生筆記

- 生活和工作中都免不了要做決定，當面對生命中的重大事件，再果斷的人也需要經歷權衡利弊的痛苦過程。
- 決策型拖延者不瞭解自己的優缺點，也不願意花心力思考生活的意義和價值。
- 只要改變關注焦點，將注意力從畏懼失敗轉向期盼成功，便能逐漸改善猶豫不決的個性。
- 果斷的人會明確地掌握問題，不依賴情緒做決定。

NOTE

/ / /

焦慮和拖延並行發生，會帶來嚴重的罪惡感和恐懼感，削弱能力和信心，使工作效率和學習能力下降。即使勉強完成任務，也會累得筋疲力竭。

第3章

【宿主2】你是情緒型拖延嗎？

你經常讓「我很累、我很煩」充斥大腦嗎？

焦慮帶來拖延、拖延會引發焦慮，兩者如影隨形且互為因果，如果毫不在意這些情緒和表現、任其發展，總有一天會帶來慢性拖延症。

並非人人都有拖延症，但是每個人都有拖延的行為，而且當不良情緒來襲，更容易發生拖延的情形。每個人難免有被情緒支配的時候，只想任由時間荒廢，不在乎事情有無進展。

焦慮的時候最常發生拖延，而拖延是個陷阱，會使精神越來越差，但很多人卻未曾正視焦慮。相信不少人都有類似的經驗：偶爾放鬆一下時，內心卻隱隱有一絲擔憂和疑慮。其實，那正是焦慮情緒在作祟，它令人無法堅持想法，做決定時變得猶豫不決。

拖延行動或決策會帶來短暫的輕鬆，並在某種程度上擺脫焦慮，這也是為什麼有人經常自我安慰地告訴自己：「先拖著吧，這件事情沒有那麼重要，還是先處理其他事情好了。」

然而，**拖延只是假象，焦慮並沒有徹底離開，當最後期限逐漸逼近，焦慮感會以更兇猛的姿態再次襲來**，種種擔憂和疑慮開始在內心翻騰：「同事會因此嘲笑我吧？」、「老闆會不會質疑我的能力？」、「時間不多了，做得完嗎？」、「先隨便做一做吧！」

劉陽正在攻讀生物學碩士學位，再一年就可以畢業，前途看似一片光明，卻因為畢業論文一拖再拖，每天都情緒非常焦躁。一開始，他覺得對不起指導老師，後來又認為對不起家人和自己。

雖然劉陽想要改變這種情況，卻不知道問題出在哪裡，他每門課的成績都非常出色，連自己都不知道為什麼在論文寫作上，始終找不回過去的良好狀態。

劉陽開始進行心理諮詢，希望能找到原因並改變現狀。諮商師告訴他，因為他過於憂慮畢業論文，總是用學習其他科目的理由，說服自己暫且將論文放到一旁，於是不知不覺中，寫論文的優先順序排到所有課程之後。不過，還好他及時發現問題，重新調整完心態後，終於完成論文並順利畢業。

人們被賦予自己不怎麼喜歡的任務時，非常容易發生拖延的情形。然而，一般人不會太在意，總是等問題嚴重影響學業或事業時才會驚覺。

焦慮和拖延並行發生，會帶來嚴重的罪惡感和恐懼感，削弱能力和信心，使工作效率和學習能力下降。即使勉強完成任務，也會累得筋疲力竭。假設正常情況下，完成任務只需要花八分力，遭受負面情緒干擾時，則可能需要花費十二分力。

負面情緒的解方，是學會轉移注意力

回憶過去時，有些人只專注回想令人懊悔的事，有些人則經常回想美好時光。經過調查發現，拖延者大多會沉浸在懊悔情緒中，而非拖延者更傾向於回憶美好時光。

每個人或多或少都會有後悔的事，但如果總是陷在懊悔情緒中無法自拔，會對明天失去信心，甚至停住前進的腳步，大幅降低行動力。

德拉在足球方面表現很出色，原本可以在高中畢業時憑藉足球獎學金上大學，但他那時候沒有選擇讀大學，而是加入一支搖滾樂隊。然而，他的音樂之路不如想像得順遂，最後不得不解散樂隊，在一家汽車修理廠當修車工。

每次回憶過去，他都灰心喪氣地想：「我錯過了好機會！要是當初選擇讀大學，就不會是今天這樣。」然而，他沒有做任何事情改變自己的境遇，只是一味地感到後悔。

許多悔不當初的人都是拖延者，後悔過去做的某個決定，認為自己目前的不幸都是由此導致。

研究人員發現，引發後悔的事情種類繁多，包括錯失難得的工作機會、未能學習進修、沒有好好照顧父母、與朋友斷了聯繫、忽略健康問題、錯過戀愛機會等。這些問題都可能使人成為拖延者。

法蘭克．辛納屈（Frank Sinatra）是美國二十世紀著名的男歌手，他即使遭遇挫折，也不停止追求夢想。記者曾問他有什麼遺憾，他笑著回答：「都是些不值得一提的小事。」接受採訪時，總是回憶過去的美好時光，而不是感到遺憾的事情。很明顯地，他充滿幹勁的秘訣之一就是樂觀的情緒。

比較學生時代的夢想和現在的職業，會發現很多人都沒有實現理想。但是，未能完成目標不代表完全沒有作為，有的人可能找到其他人生目標，成為某個領域的佼佼者。

沉浸於過去的悔恨對未來毫無幫助，那麼為何要在悔恨中度日，而不是為目標奮鬥？一旦耗費過多心力思考哪些事情讓人遺憾，並經常把它們掛在嘴邊，前進的腳步便會在不知不覺間被懊悔絆住。

只有拋開懊悔情緒，才會發現自己其實擁有強大的能力，每個人都有不同的特長與美好的未來。如果你是經常陷入懊悔情緒的拖延者，請盡量轉移注意力，把焦點聚集到美好和愉快的事情吧！

抓狂時，用3步驟快速消散怒氣

很多人在不知不覺間，花費太多時間糾結於自己的情緒中，例如：努力遏止心中怒火、為某些事情感到哀傷，或是遺憾過去做的決定。他們陷在情緒困擾中不可自拔，而將正事拋在一旁、讓工作一拖再拖，總想等心情好了再處理，卻不知道負面情緒什麼時候才能消退。

經常因為情緒問題而拖延的人，通常過於在意自己的感受，一旦爆發某種不良情緒，容易轉換為鑽牛角尖思考模式，讓內心變得糾結不已，並且無法克制地在意自己的情緒，只能眼睜睜任由自己拖延，卻無動於衷。

這種人往往比較固執，不能透過自我反省調整情緒，種種不良情緒都像選擇題中的干擾選項，一再影響當前最該做的事。其實，他們並非不懂行動的重要性，只是不斷被情緒干擾。

在所有情緒當中，憤怒是影響較大且容易衝動的一種，沒有人能在生氣時專心做事，因此陷入憤怒情緒時，必須想盡辦法讓自己轉移注意力、拋開氣憤。至於轉換情緒的最好方式，則是想辦法把注意力轉移到當下該處理的事物，否則一味堆積情緒，只會讓拖延的行為越來越嚴重。

如果拖延的行為已經嚴重到臨近最後期限，可以問問自己：「是不是在生氣？是不是為某事懊悔？不良情緒是不是正在影響行動？」如果真是如此，請告訴自己：「只有怒氣可以推遲到明天。」忘記憤怒，開始工作吧！

你將注意力從憤怒轉移到當下的事物後，第二天可能連為什麼生氣都想不起來。相對地，**如果用拖延宣洩情緒，除了獲得一點點自我安慰之外，不會有其他的好處，反而會產生各種副作用，讓人感到難受。**

當察覺到自己因情緒問題而拖延，可以試試以下步驟，有助於走出不良情緒的牢籠：

● **第一步：暫時離開產生不良情緒的環境**

如果是在辦公室產生不良情緒，可以走到茶水間喝口水，冷卻一下。

● **第二步：深呼吸，問自己現在該做什麼事**

走到另一個空間後，問自己現在該做什麼，並順著這個想法繼續考慮先做什麼、後做什麼。

● **第三步：把任務擺在眼前，並強迫自己開始動手做**

光叫大腦不要被情緒影響，無法達到什麼效果，反而會放大負面情緒。相對地，一旦開始行動便能緩解情緒，將精力集中於手邊的事，直到忘記剛才糟糕的情緒為止。

每個人都有情緒，但是不能被它主宰，我們必須掌控自己的生活，不再隨情緒起舞。

如何不讓負能量變成拖延症？

情緒型拖延者陷入各種不良情緒當中，心靈受到擔憂和焦慮所摧殘，因此非常需要心理調節。為此，正念修行可以提供有效的幫助。

正念修行已經有兩千五百年的歷史，對調整心態非常有益處。正念是一種自我觀察的修行方法，能讓人不帶任何判斷地接受自己，而非嚴苛的自責。在正念修行時，會發現心情變得平和而穩定，焦慮和自責也隨之消散。

當心態趨於平緩，便能用另一種態度對待自己畏懼的事物，不但可以有效驅逐拖延，更容易展開行動，積極解決負面情緒。以下介紹正念的方法，以及如何透過正念戰勝拖延。

1. 正念減壓呼吸法

這個方法的要領是舒服地坐下，將注意力集中在呼吸上。隨後，無論腦子想到什麼，都先不要主觀地加以判斷，只要感覺到它們的存在即可，即使那些事情不停地變化、令你應接不暇也無妨。

集中注意力於呼吸之後，喘息的節奏會變慢，充分的呼吸有助於減輕心理壓力，讓心情變得愉悅起來。

2. 正念停頓法

當某件事告一個段落，可以在處理新的事物之前，抽出幾秒鐘什麼都不做，只注意呼吸和身體的感覺。在這幾秒鐘的時間裡，盡量將思緒保持在當下和身體上，不要想過去、未來和其他事情。

這個方法最大的優點是讓思緒回到現在，將注意力集中於自己的身體。當感到焦慮、害怕、自責等不良情緒時，可以用此來調節心情。

3. 感受心跳法

將手輕輕放在胸口，一邊感受心跳的頻率，一邊回憶生活中美好的部分，會發現呼吸逐漸變得平穩。

這個方法有助於緩解緊張、害怕、焦急的情緒，當時間緊迫而感到焦頭爛額，或心情處於紊亂狀態時，這個方法可以帶來和諧、輕鬆的積極情緒。

正念修行能讓人放鬆下來，有助於舒緩不良的情緒刺激。除了以上介紹的三種方法，也可以自行尋找更合適的方式，緩解緊張情緒、增加正能量。

讓夢想與現實交集，用「假想」激發正能量！

許多拖延者常陷入消極與悲觀的情緒中，此時可以透過假想來克服拖延，方法相當簡單，就是將自己的美好想像和現實進行對比。紐約大學的教授對此進行研究，並將方法分成兩個步驟：

● **步驟一：知道自己想要什麼**

如果想在高爾夫球場上有出色表現，可以想像自己揮出完美的一桿。如果想要從事喜歡的工作，便想像從事該工作的情景。如果想要買房子，則想像自己如何進行室內裝潢。

步驟二：跟現實進行對比

知道自己想要什麼之後，接下來將想像和實際進行對比。現實中，因為沒有確實練習，所以在高爾夫球場上經常輸得很慘；不喜歡目前的工作，但是現在的能力還無法從事心儀的工作；如今的居住環境與想像相差甚遠，但微薄的收入買不起夢想中的房子。

進行步驟二時，現實的問題會凸顯出來，不過不用擔心，它們都是道路上的絆腳石，克服後才能走向更美好的將來。對比能使人變得更積極，並藉此克制拖延心理，但要特別注意，這兩個步驟缺一不可，如果只進行其中一個步驟，便會走向反面，變得更為消極。

只進行步驟一而忽略步驟二，會讓人沉溺於幻想，對於克服拖延症沒有好處，因為光用鮮明生動的想像來描繪夢想，會讓人變得懶惰、失去行動力。實際上，在轉職、改善人際關係等實驗中，只進行步驟一的人表現最差。

如果只進行步驟二就一定能成功嗎？也不見得。如果一味地凸顯現實問題，只會感受到苦惱而非動力。

正確的方法是按部就班確實完成兩個步驟，接著分析自己的心態：「我是否變得消極？是不是只感到煩惱而沒有動力？」如果得出肯定的答案，就需要再調整心態。

需要特別注意的是，想像出來的東西不等於真實擁有，即使無法達成也不會失去什麼，所以不必感到煩惱或是有壓力。而且，既然想像中的生活令人嚮往，為什麼不努力行動，把不屬於自己的東西變成現實呢？

為了避免在對比的過程中產生負面影響，以下再將這兩個步驟細分為五個重點：

1. 找個安靜的環境思考，釐清目前的生活、工作和學習狀況等。
2. 尋找可實現的理想，像是談戀愛、換工作、建立家庭、學習技能等。
3. 利用繪畫、寫日記等方法描繪夢想。
4. 將理想與現實進行比較，雙方的差距便是努力的方向。

5. 保持樂觀的心態，尋找具體可行的方法，縮小理想與現實的差距。

在對比的過程中，想像和行動缺一不可，因為只有實際行動才能帶來結果。確實運用這個方法後，才能取得克服拖延的效果。

驅除寄生筆記

- 焦慮的時候最容易發生拖延，並開始無法堅持想法，甚至逐漸掉進拖延的深淵中。
- 拋開懊悔情緒，才會看見自己擁有的強大能力，因為每個人都有各自的特長與美好的未來。
- 轉換情緒的最好方式，便是把注意力轉移到當下該處理的事物。一味堆積情緒而不排解，只會讓拖延越來越嚴重。
- 當心態趨於平緩，便能換個態度對待畏懼的事物，也更容易著手展開行動，積極解決負面情緒。
- 假想有助於增進動力、克服拖延。

NOTE

/ / /

完美主義者的拖延心理相當微妙，除了害怕被看成是沒能力或沒價值的人，也不敢正視自身的不足，甚至無法用公正的眼光看待自己。

【宿主3】你是完美主義型拖延嗎？

你經常會擔心「不夠好」而不敢出手嗎？

許多人因為追求完美的心理作祟，而產生嚴重的拖延行為。完美主義者心中常有一套獨特的價值理論體系：寧可拖延也不容許自己表現不好。因此，拖延非常容易發生在完美主義者身上。

完美主義者害怕自己表現得沒能力、沒價值，所以當事情達不到心目中的要求，寧願拖著不做。有時候甚至會找藉口說：「要不是我的時間不夠，不然肯定會做得更好。」

大衛是個完美主義者，在大學主修法律，始終認為優秀的律師必須處處完美，容不得半點瑕疵，因此自我的要求非常嚴格，在每門科目上都力求完美，甚至為此熬夜。可想而知，他的成績一直名列前茅。

不過，到了繳交畢業論文前夕，大衛卻遲遲難以下筆，不管怎麼調整結構，都無法達到心目中的完美要求，於是花費很多時間蒐集資料，但一直沒有真正動筆。眼看截止日即將來臨，論文卻還停留在構思階段，使他感到越來越焦慮。

最後，在時間的壓迫之下，大衛只好硬著頭皮動筆寫作，所幸他已蒐集豐富的資料，最後總算完成畢業論文。不過，他心裡相當不痛快，因為成品跟心目中的完美論文相差甚遠。為了達到內心平衡，他總是告訴自己：「如果能再給我多一些時間，一定能做得更好。」大衛畢業後仍對此感到十分懊惱沮喪，因為沒有為求學生涯畫下完美句點。

要求自己表現完美是好事，但是任何事情都沒有最好，只有更好。**完美無上限，不論有再多時間，都無法達到真正意義上的完美**。因此，如果把完美訂成目標，反而會綁手綁腳。

完美主義者可以分為兩種：第一種是把任何事都當作藝術，稍有瑕疵便心生不滿，然後盡力改正所有不合心意的地方；第二種是認為每個細微表現都代表自己的能力，只要表現稍微不如意，便擔心會顯得能力低下，同時影響別人對自己的觀感。

日常生活中，第二種完美主義者的人數較多，他們有一套價值邏輯，相信表現等同於能力和個人價值，因此格外在意細緻的表現。不過，一旦認為所作所為直接體現出個人能力，只有能力強才能體現出價值，便會忽略長遠計畫的重要性，輕視許多無法立即顯示出效果的行動。

大衛衡量自己是否出色的標準，在於寫出完美的論文，甚至因為沒有達到心目中的標準，而否定過去的學習成果，認為這個過程沒有價值。大衛遲遲沒有下筆的原因，正是因為他把所有價值都放在論文上。

拖延是完美主義者的安慰劑，如果表現一般，便可以找藉口說：「再給我一些時間，會做得更好！」如果取得不錯成績則說：「要是我再多花些心思，可以做得更好！」

完美主義者寧願承擔拖延的後果，也無法接受全力以赴卻換得平庸表現，在懶惰和沒能力的評語之間，被他人說成是前者的感覺更好。

完美主義者的拖延心理相當微妙，除了害怕被看成是沒能力或沒價值的人，也不敢正視自身的不足，甚至無法用公正的眼光看待自己。彷彿只要表現不好，就代表失敗或不受歡迎，所以將拖延當作擋箭牌，若最後表現不好，也有藉口推託。完美主義者便是這樣掉進拖延的不良循環當中。

為什麼高標準會懲罰自己與團隊？

並非所有的完美主義者都會拖延，心理學家針對完美主義者進行研究後，認為可以分成兩個類型：一個是適應型，另一個是適應不良型。

適應型完美主義者對自己的要求非常高，自信地認為可以達到要求，且通常能夠實現目標。相對地，適應不良型完美主義者對自己的要求也相當高，但沒有那麼自信，經常因為真實表現和理想之間的差距，而陷入自責的消沉情緒中。

拖延常發生在適應不良型完美主義者身上，他們凡事都想表現得優秀，卻難以實現當初設定的目標。當發現自己無法達成目標，會變得手足無措，在現實中拖延與退縮。

蓋瑞是管理與設計網站的自由工作者，總是期許自己把事情做得又快又好，但往往無法達到要求，於是經常拖拖拉拉、在最後期限才完成工作。朋友勸他不要過於追求完美，只要盡力完成能力所及的事情就好。蓋瑞聽完朋友的勸告後，感到十分意外：「我做事經常半途而廢，總是喜歡在最後一刻應付了事，怎麼算得上是完美主義者呢？」

實際上，蓋瑞正是典型的適應不良型完美主義者，不過這樣的人大多毫無自覺，因為他們只看到自己平時表現欠佳，而忽略內心吵雜的噪音，也就是不斷帶來干擾的高標準。於是，經常在高標準和實際表現的差距中，對自己感到失望，導致越來越拖延。

但是，不切實際的目標只會成為進步的阻力。舉例來說，多年沒有鍛鍊身體的人，想花一個月的時間重塑體型；從來沒接觸過日語的人，期待一個月內就能和日本人流利交談；入職不到一個月的銷售員，希望每通電話都促成生意；剛開始寫作的人，希望第一部作品就暢銷。這些與現實狀況相差過遠的期望，只會令自己感到灰心，無法帶來前進的動力。

實際上，擁有高成就的人幾乎都不是完美主義者，他們正視自己的失誤和挫折，重新自我調整後，繼續為了遠大目標再接再厲。成功者感到失望和沮喪的時間都相當短暫，因為他們知道前方還有很長一段路。

確立目標是為了激勵自己前進，而不是絆腳石。克服不切實際的拖延非常容易，只要針對兩個重點做出調整，就能快速見效：

1. 制訂切合實際的目標

適應不良型的完美主義者制訂目標時，必須問自己：「我是為了進步，還是為了沮喪和失望？」如果實際表現與標準相差太多，很容易在巨大的落差下變得拖延，這也是成為適應不良型完美主義者的最大原因。

2. 不要用過於苛刻的標準衡量自我表現

適應不良型完美主義者對自己的評價過低、看待事物的標準太高，而且容易把個人表現和自我價值畫上等號，但這兩者並非完全對等。不過，他們沒有意識到這點，常被高標準和嚴苛的評價綁架，導致無法前進，而陷入完美主義的泥淖，對自己感到失望，也為拖延開闢絕佳道路。

慢工一定出細活？錯！好品質不看時間而是精準度

一般人認為衝動和拖延對立，因為衝動可以讓人立刻行動，而拖延則使人延遲行動。簡單來說，衝動使人行動迅速，拖延令人行動緩慢。

心理學家將人們對速度和準確率的要求稱為「速度—準確率平衡」。容易衝動的人注重速度，不太在意準確性。相對地，拖延者大多都有追求完美的傾向，在意準確率而非速度。從這個角度來看，衝動和拖延確實呈現對立狀況。

但是在某些情況下，衝動和拖延又顯得沒有那麼對立。舉例來說，大多數人在考試時，總是把不會做的題目留到最後，如果逼近交卷時間還是答不出來，就匆忙地隨意寫上一個答案。

相同地，拖延狀況嚴重到一定的程度，就會越來越無法控制衝動，等到最後期限來臨，便會不惜犧牲準確率以換取速度。可想而知，如此草率的收尾不會有太令人滿意的結果。

針對衝動與拖延的關係，學者經過研究得出以下結論：「衝動是拖延的其中一個面向。」拖延者總是認為還有大把的時間可以運用，直到最後關頭才發現根本來不及，這種現象叫作計畫性失策。

另外，有研究人員以此為基礎，針對拖延和計畫性失策進行研究，發現**許多拖延者擬定時間計畫時，傾向依據過往的經驗，但實際情況往往跟過去不同，導致計畫失效。**

拖延者往往無法在規定時間內完成任務，即使心裡知道截止日期迫在眉睫，看起來卻一點都不著急，也不想出色地完成任務，老是在最後一刻草草了事。

婁明的女兒生日快到了，但他平時工作忙碌，很少抽出時間陪女兒，妻子提醒他要幫女兒買生日禮物，但是他不知道該買什麼好，於是常趁上班的空檔時間，上網瀏覽玩具，卻始終沒拿定主意。他心想還有一個星期可以慢慢考慮，便將這件事擱置一旁。

一個星期過後，妻子告訴婁明晚上下班要早點回家，為女兒慶祝生日，他才想起自己還沒挑選禮物，於是下班後趕緊開車前往商場，匆忙地選購禮物，卻忘記避開下班期間會交通堵塞的路段。等他買完禮物到家，女兒和妻子已經等待兩個小時，讓他感到非常愧疚。

拖延導致的衝動隨處可見，而靠衝動完成的任務卻常常不盡如人意。回想自己的生活，是否也發生過相似的情況呢？

解開5個常見完美魔咒，脫離拖延的迴圈

完美主義者常鍾愛某些信念，在這些信念的主導下，他們非常容易拖延，以下整理五個最常見的原因：

1. 害怕平庸被人看不起

完美主義者想要事事都出色，無法接受自己的表現過於平凡，希望事業發展順利、人際關係歡喜和諧，家庭又幸福美滿。因為無法容忍一般的表現，所以總是透過拖延自我安慰，這樣就可以掩蓋錯誤和失策，也不會被人看輕。

2. 優秀的人不需要努力

完美主義者的內心還有個潛在信條：真正出色的人做什麼都不用花費太多精力，再難的事情都能輕而易舉地完成。因此，如果耗費太多時間和精力做某件事情，便會感到自卑。

舉例來說，某個抱持完美主義的學生若無法迅速解出某道題目，便會懷疑自己的智商，並在心裡自暴自棄地想：「那些概念和公式明明都已經記在腦子裡，為什麼無法快速解開這道題目，真是令人難過。我不想坐在書桌前讀書了，不如去打電動。」

正如上述的例子，完美主義者面對不能馬上完成的任務時，往往會選擇停止努力，因為堅信真正優秀的人不需要努力。然而，他們過於關注優秀者光鮮亮麗的外表，卻忽略背後的努力。如此渴望聰明卻害怕付出的行為，反而充分顯示自己的無知。

3. 任何事情都要獨立完成

對某些完美主義者來說，求助等於軟弱，所以什麼事情都想一個人完成。這種傾向看似獨立自主，其實是不肯承認自己不知道答案、不習慣依據情況做出選擇，更不懂得與人合作的樂趣，所以寧可孤獨奮鬥，也不願意求人幫忙。

總而言之，在完美主義者的心中，不求助是種光榮，獨立完成是種榮耀。最後，肩上的負擔越來越重，只能用拖延的方式讓自己喘口氣。正是想獨自完成一切的信條，將他們一步步逼到拖延的絕路上。

4. 無法忍受輸給別人

很多完美主義拖延者給人不喜歡競爭的印象，但事實並非如此，他們外表看似追求和諧，其實是害怕失敗。如果處在必須一爭高下的環境中，也會利用討厭競爭為藉口來掩蓋失敗。

有競爭就有失敗的可能，但是完美主義者不能接受失敗，所以選擇自願退出戰場，或是消極行事、刻意不全力以赴，為可能的失敗設下防護網。

5. 不是全部，就是零

在完美主義拖延者的世界裡只有兩種情況：不是全都做到，就是一事無成，哪怕已經完成九九％，只要還沒有達到一百，就等於是零，似乎感覺不到自己其實離目標越來越近。這就是為什麼在抵達終點前，完美主義者會因為失望而放棄努力，因為只要沒有達標，就等於一步也沒有前進。

這種心態可以解釋為什麼完美主義者習慣把目標訂得過高，他們希望一次把所有事情全部做好，如果沒有完美解決所有事，就等於什麼也沒有完成。

約瑟夫為了鍛鍊身體，訂定「每天去健身房」的目標，身邊的朋友費了一番口舌，才讓他把目標改為「每週去三次」。實際上，去年他在某家健身中心辦了會員卡，卻一次也沒有去過。

制訂目標的當週，約瑟夫去了兩次健身房，但沒有達到目標，於是感到懊悔難過，覺得自己一事無成，卻沒看到自己已經比去年進步一大截。從這種情況可以看出，完美主義者的自我評判多麼苛刻。

如果認為只有完美才能討得歡心，那麼註定會對自己感到失望，因為追求完美就像追逐地平線，無論怎麼拚命奔跑，始終都無法到達。如果各位也抱持以上觀念，請現在就大力地甩開它們，唯有逃脫完美魔咒，才能逐漸走出拖延的不良循環。

不再侷限於「固定心態」，用成長視角認可努力的自己

史丹佛大學的心理學家卡羅·德威克（Carol Dweck）發現，人們在失敗後會有兩種心態：固定心態和成長心態。

固定心態的人相信每個人的能力和智力都是天生，而成長心態的人則認為每個人都能透過學習，提高各方面的能力。

完美主義者面對失敗時，傾向抱持固定心態，覺得成功代表更有能力、智慧和才華。在固定心態的驅使下，他們無法容忍自己犯錯，失敗就像被貼上不夠優秀的標籤，一次失敗代表永遠失敗。

從這個角度來看，就能理解為什麼有人失敗後再也爬不起來，為什麼事情變得

棘手後，有些人直接選擇放棄或拖延，其實正是固定心態驅使他們退縮或逃離。

相反地，如果**抱持成長心態看待所有事情，會願意透過努力讓自己變得更聰明能幹，而不是期待所有事情都能一步登天**。此外，抱持這個心態更容易對新事物產生興趣、激發潛能，因為相信努力學習便可以習得某項能力，讓挑戰更有價值。即使最後不幸失敗，也不會覺得都是因為自己很糟糕，而是自我勉勵，願意花費更多精力、更加努力。

用成長心態的眼光看待世界，可以破除完美主義的枷鎖，因為知道自我表現和能力無法畫上等號，沒有人天生優秀到什麼都能做得很完美，有時候向人求助反而可以學到更多東西。

而且，習慣抱持成長心態，就不會只關注自我表現，而是審視過程中有什麼收穫，是否從中獲得快樂、提升自我能力。能力並非固定不變的東西，而會隨著努力向上發展。無論做任何事，不要抱持著證明能力的心態，否則容易因為不完美而逃避或拖延。

永遠只看結果？「獎勵制度」幫你增加行動力！

有些拖延者看不到努力的價值，只在乎最後的結果，特別是完美主義型拖延者，往往能快速地說出沒完成的任務和目標，卻說不出過程中得到的收穫。然而，只想著沒完成的任務對事情並無任何幫助，反而陷入不良情緒中，以至於逐漸變得洩氣、失去信心，最後導致任務更加拖延。

將注意力聚焦在自己做過的努力，完成任務會變得水到渠成。如果實在不可自拔地在意最終結果，可以告訴自己：「我的每個步驟都很細緻地完成了，每完成一步就離目標更接近。今天我克服很大的困難，盡力了也絕不後悔。」

比起只看結果好壞，正面看待努力的過程更有益處。每當覺得堅持不下去時，這樣的自我激勵有助於堅持地做完事情。如果認為自己非常努力，可以適時自我獎勵，由此獲得滿足感和動力，像是泡溫泉、看電影、買漂亮衣服、回家補睡美容覺、踏青、吃大餐、跟朋友聚會等等。

但是要特別注意，一切的獎勵都是為了增加執行力和動力，千萬不可以濫用，剛開始運用這個方法時，一定要注意分寸和以下幾個問題：

1. 是否值得獎勵是看努力程度，而非結果

在自我獎勵之前，要確定在某件事情上投入的努力，是否達到足以獲得獎賞的程度，如果隨意嘉獎自己，會因為太頻繁而失去效果。此外，獎勵與否的指標不看結果好壞，而是看努力的程度。

2. 將獎勵和努力的程度聯結

長時間付出努力後，理應給自己一個大大的獎賞，如果付出少，獎賞就應該小。不考慮努力程度而一視同仁，會讓獎勵失去效力。

3. 適時獎勵

獎勵來得太遲或太早，也會使效果大打折扣，因為獎賞的目的是獲得動力，但遲來或早到的獎勵完全無法得到這個效果。舉例來說，實現某個企劃案需要耗費大量心力，為了讓活動順利進行，必須花費許多精力在前置作業上，而且後期的活動執行困難重重，需要付出更大努力。前期準備與後期執行的交接點，便是獎勵自己的最好時機。

如果等到所有活動結束後才獎勵，很難獲得繼續努力的動力。相反地，若是太早獎勵，沒付出什麼就得到實惠，豈不是本末倒置？還可能使自己鬆懈下來。

注意到自己的努力，給予積極正面的評價，便是鼓勵自己前進的好辦法。我們不苛求每件事情都能成功，但可以在每件事情上盡心盡力。抱持這種積極心態，達成目標的機率會高於只看結果，有助於在輕鬆愉快的心情下克服拖延。

每天追求進步一點點，逐步走出完美的牢籠

完美主義拖延者總是想一步登天，不願意做沒沒無名的小事，而且經常只看到優異的成果，忽略背後付出的心血與努力，一旦在工作中看不到顯著收穫，便會拖延行事。

凱文是個完美主義的銷售人員，他覺得自己可能無法在當月中旬完成公司的業績要求，便放棄努力，不把小銷售額放在眼裡。但他沒有意識到，即使無法達成當月的業績要求，也能累積全年銷售成績，努力至少比不努力有更大的收穫。

許多人常給予完美主義拖延者以下評價：工作非常努力，但有時候運氣不好。這當然不是事實，只有當事人知道自己在什麼時候拖延。

工作時最好轉換心態，不要一心只想獲得好的工作成果，即使最後成果與期待有所出入，也要努力工作，因為：

1. 很難永遠保持業績頂尖

每個月都有不同情況，自身狀況也會有差異，不太可能持續擁有最優秀的業績。如果因為達不到心目中的標準而放棄努力，反而會走向更糟糕的結果，不如踏踏實實地做事，能做多少是多少。

2. 微小的進步也是行動的動力

許多曾經擁有優秀成績的人，總認為凡事應該追求完美，因為其他人給予自己很高的評價和期待，若沒做好會覺得抬不起頭。如果有這種想法，最好改變心態，一旦發覺自己無法做到最好，請找出過程中的細微進步和收穫。

沒人能保證自己一輩子都是最好的，不如降低標準，只要看到微小的成績便努力前進。即使沒有賣出產品、業績掛零，但可能接待了三個潛在客戶，為今後的工作打下基礎。請試著找到每日的微小進展，無論再怎麼不起眼，也能成為行動的動力，而不會總是陷在糟糕的拖延裡。

3. 穩步上升比始終落後好

有些完美主義者從來看不到自己的進步，只看見落後的地方，於是乾脆不再努力，工作時一點熱情也沒有。他們知道當下應該要做什麼，卻一邊為落後感到焦慮，一邊繼續拖拖拉拉。

「每天進步一點點」這句話非常適合完美主義拖延者，假如每天進步一步，十天後便進步十步，工作成果會越來越顯著。

完美主義者與非完美主義者最大的不同，在於看待問題的角度。如果完美主義者能嘗試用不同角度看待問題，也許就能克服拖延，不會再任意放棄微小的努力。

12個問題，測測看你的完美主義傾向

擁有追求完美的心態，可以讓人為了更美好的生活和工作而努力。但凡事過猶不及，太過追求完美反而變成阻力，帶來拖延等其他副作用。只有粉碎完美主義的理念、接受現實中的不完美，才有利於克服逃避和拖延心理，讓人生更輕鬆、務實和多彩。

如果還不確定自己是否有完美主義傾向，可以自問以下問題：

1. 你訂定的目標總是形成阻礙，無法帶來幫助或激勵？
2. 你是否認為時機合適才能開始行動？

3. 你是否對自己非常嚴格，對別人比較寬容？
4. 你認為一點小錯誤就等於失敗，讓人難以容忍？
5. 你做事時，是否需要比一般人花更多時間？
6. 你花在計畫的時間較長，實際做事的時間較短？
7. 你接下任務時，是否感到強烈責任感而非樂趣？
8. 你遇到困難時，會不會亂了陣腳？
9. 你是否總擔心自己做得不夠好？
10. 在必須做決定時，你是否難以選擇？
11. 你若不確定某些事情或找不到正解，是否會感到糾結？
12. 你制定的標準是否經常受限於現實條件？

請各位按照實際情況作答，如果肯定的答案佔大多數，代表你有完美主義傾向，而且它可能已經影響、甚至阻礙你的生活與工作。

在完美主義者的眼裡，單純當個平凡人實在太可怕，平庸是最無法接受的形容詞。也許是在成長過程中，受到家長和老師的耳濡目染，或是個人親身經歷的影響，完美主義者總是在潛意識中不斷提醒自己：「犯錯和失敗是丟臉的事，只有證明自己足夠優秀，才能被大家接受和喜歡。」

想趕走拖延必須改變「凡事爭第一」的想法，儘管比賽的冠軍只能有一個，難道第二名就等於平庸嗎？事實上，第二名也相當優秀。很多有成就的人都不是第一名，因此不用在任何事情上都要爭奪第一。如果爭第一的思想總是佔據大腦，不僅帶來巨大壓力，讓人苦不堪言，還會導致拖延的情況。

假如你是廚師，只要努力在特定領域取得不錯表現即可，不必追求每道菜餚都是拿手絕活。全世界有那麼多的美味佳餚，哪個廚師敢說自己每道菜都是世界頂尖呢？

對自己要求太高只會離成功越來越遠，人生中有一件或幾件擅長的事情，就已經相當難得，承認自己在某些方面的能力有限，並不是丟臉的事，就像不會有人嘲笑相聲專家不會跳舞，也不會有人不齒戲曲老師不會唱流行歌。如果對所有事情都力求有最佳表現，遇到力所不及的事就本能地逃避，拖延當然會找上門。

每個人都有各自的優點，請從現在開始降低標準，並告訴自己：「我是個普通人，也會失敗和犯錯。」轉念過後，更能輕鬆地投入每件事情當中。即使遭遇困難、表現不好，也不要拖拖拉拉，樂觀地把事情做完吧！

驅除寄生筆記

- 完美主義者怕被認為沒能力、沒價值，因此達不到心目中要求時，寧願拖著事情不做。
- 成功者正視失誤和挫折，不會為了追求完美而拖延。
- 拖延造成的衝動隨處可見，憑衝動完成任務時，結果大多不盡如人意。
- 完美主義者認為求助等於軟弱，寧可孤獨奮鬥也不請人幫忙。
- 抱持成長心態就不會過度關注自我表現，而是審視過程中得到什麼收穫。
- 對自己要求太高只會離成功越來越遠，人生中有一件或幾件擅長的事情，就已經相當難得。

NOTE

/ / /

用單一視角看待過去、現在和未來，會失去時間的連續感，彷彿活在不連貫的時間斷層中。而且，不面對過去便無法做出改變，難以成為嶄新的自己，只會在錯誤中不斷地重蹈覆轍。

第5章

【宿主4】你是心理時間錯誤型拖延嗎？

心理時間VS.實際時間，你的時鐘走快還是慢了？

有些拖延者活在自己的心理時間中，和實際時間不同步，因此經常恐懼有時效性的事物。時間悄無聲息地流逝，每個人都有自己的心理時間，沒辦法用鐘錶衡量，也無法互相比較。

簡單來說，心理時間就是每個人脫離鐘錶後的感受，有時候覺得時間過得快、有時候覺得慢，這就是心理時間在作怪。我們需要調整自己，才能讓心理時間與實際時間達到一致。但是有些人感受不到兩者的差距，甚至被自己的心理時間綁架或支配。

日常生活中，很多時候不是用幾點幾分來描述時間，而是藉由事件來表達，例如：「吃完飯後出發」、「把報告列印出來後去開會」、「起床後鍛鍊身體」，這些事件的發生、發展和結束，都可以帶來時間感。當我們關注事件本身，心理時間和實際時間會比較貼近，甚至達到完全吻合，便不容易產生拖延。

而且，我們無法控制別人的心理時間。假如有個拖延者在報名截止時間前幾分鐘才提交申請資料，你問他為什麼這麼晚，他可能會怒氣沖沖地回答：「還差五分鐘才是午夜十二點，我來得一點兒也不晚！」由此看來，要他人接受自己的心理時間非常困難。

著名心理學家和社會學家菲利普・津巴多（Philip Zimbardo）針對人的時間感進行研究，結果顯示**人們感知時間是以過去、現在和未來為標準，如果能三者兼顧，會比較適應社會生活，只偏向其中一個或兩個，則會發生矛盾和侷限。**

如果無法確實感知到未來的時間，容易在長遠目標上拖延，因為遙遠的未來給人不真實的感覺，重要性往往被低估。舉例來說，大多數人都知道應該儲備足夠養老金，但是年輕人很難把它當作重要的事。相較之下，儲備旅遊金會給人更真實的緊迫感。也就是說，人們總是急於處理眼前的事，卻因心理時間而拖延未來的長遠目標。

此外，心理時間和實際時間的差異過大，還會導致社交不順利。例如：心理時間比約定時間晚，便可能會遲到，使得人際關係受影響。而且，固執地按照自己的時間表與方式處理問題，想一手控制別人、時間和現實，可能會遭受孤立。

世界上沒有人能掌管時間，唯一能做的是調整好心理時間，避免與現實時間的誤差過大而造成拖延，才能更充分地融入生活和工作之中。

人生的每個階段，都有不同的時間觀念

我們的時間感隨著年齡遞增而變化，正常情況下，人的一生會經歷嬰兒期、幼兒期、兒童期、少年期、青年期、中年期到老年期，每個階段的時間感都不停改變，任何階段的時間感都可能養成拖延習慣。

嬰兒期的時間感完全受到主觀控制，不論何時何地，只要肚子餓就哇哇大哭。如果時間感始終停留在嬰兒期，一旦面對恐懼和焦慮，就會感到難以忍受，於是順理成章地把拖延當成最佳避風港，好像只要拋開一切，便可以忽略任何不好的後果。

進入幼兒期之後，過去、現在和未來的概念逐漸變得清晰，三歲孩子如果感

到飢餓，不會立刻哇哇大哭，而是逐漸適應周圍的作息，雖然時間感還是傾向主觀，但是已漸漸產生時間觀念。而且，家長常會叮嚀：「現在不能再玩了，該吃飯了」、「現在我們準備要出門了」、「太晚了，睡覺時間到了！」諸如此類的話語，會讓孩子漸漸意識到時間的存在。

孩子的時間感往往由家長所主導，如果親子關係良好，孩子比較容易接受家長的作息與安排，並將時間當作可靠的夥伴。相對地，如果親子關係不好，孩子可能將時間當作敵人，甚至刻意唱反調，以表現出自己的獨立和意志力。**許多長期和時間鬥爭的人，不知道自己的拖延其實是為了對抗制訂時間表的人。**

進入兒童期之後，孩子學會認識時鐘，開始理解每個刻度代表的長度。此時，孩子開始與外界進行時間認知上的碰撞，像是必須按時完成老師交代的作業、準時上下課、準備期中期末考試等等。

對於某些孩子而言，如果無法自由地掌控時間，會將它當成壓迫，如果能按照自己的想法安排時間，它將成為解放。此外，不具備良好時間感的孩子，很難體會到時間的一體感，只能感受到支離破碎的片段。

到了少年期，時間感將產生巨大的變化，生理變化正是歲月流逝的最大鐵證，身體的改變令人深刻感受到時間留下的痕跡，性格也變得更加敏感與熱情。此外，少年期是長大成人的過渡期，逐漸開始考量學業、人際工作，甚至是職涯發展等問題。

某些少年在成長過程中內心充滿衝突，他們不願意長大、不願意承擔自己做出的決定，因此透過拖延將自己永遠留在這個時期，堅守生命無限的錯覺。雖然二十幾歲還很年輕，看似有大量時間可以揮霍，但許多事情迫在眉睫，一旦錯過機會便不會再有。

三十幾歲的中年期是明顯的分界線，事業和感情的問題開始凸顯，而且明顯感受到人生的種種限制，當得知自己無法實現某些目標時，會感到相當傷心，並與低落的情緒戰鬥。

許多拖延者過去本來生活在無限的幻想中，在中年期突然驚醒：我都做了些什麼？還有多少時間？之前為什麼一事無成？未來該怎麼辦？這個時期可能經歷相當艱難的心理過程，為了平衡心態，必須回顧過去、接受現在和展望未來。

人們在老年期則清晰地感受到時間越來越少、身體越來越差，並開始經歷親友的離世，這個階段可說是圍繞著死亡和失去。此外，心理時間變得比實際時間更重要，人們往往會發現自己難以面對生命必將結束的現實，但唯有接受這一切，才能讓內心平靜，不接受則只能陷入絕望。

為什麼總是一錯再錯？
小心2個錯誤的時間感！

如果一個人的時間感與實際年齡匹配，且心理時間和現實時間達到平衡，生活會較平穩正常。但是，若陷在錯誤的時間感裡，無可避免地會產生拖延情況，將人們拖進巨大的漩渦當中。

假如某人曾有段光輝或頹喪的過去，便容易沉浸在過往的生命階段，而在現實中不自覺地拖延。例如：明明已經步入成年，時間感還留在青少年時期的快樂時光，沒意識到生命的盡頭就在前方。而且，一味地沉浸在與現實不符的時間觀念中，很難在所處的世界中掌握平衡，工作、家庭、健康和財務等方面，都可能出現問題，引起無意識的拖延行為。

困在過去的拖延者害怕考慮未來，也拒絕討論未來，而且從沒想過自己會變老的事實，也不為將來打算，甚至不知道把握機會的重要性。他們對於必須面對的後果毫無意識，拖延起來更是沒完沒了。

另外，沉溺於錯誤的時間感中會導致兩種情況，一種是在時間中迷失，另一種是將時間割裂。

1. 時間迷失

迷失在時間中的人做事拖延，覺得自己能超越時間的限制，只顧眼前享樂而不管將來規畫，可說是毫無危機感。

海倫今年三十五歲，她非常享受當下，完全不受時間的約束，也沒有提升自我能力的打算，更未曾考慮老後生活。不論是工作、感情或事業，都不會帶給她壓力，她非常享受這種感覺。

由於海倫沒有打算經營自己的長期目標，因此不曾考慮如何讓事業更上一層樓、怎麼發展穩定關係或建立家庭。總而言之，她享受著不受時間約束的自在感覺，即使周圍的人都在穩定發展事業或人生規畫，她仍不受影響地享受當下，拒絕走入生活正軌。

海倫迷失在時間海洋中，即使生活變得一團糟，仍逃避解決當下問題，繼續沉浸於舒暢的自由當中。雖然不受時間限制的感覺能帶來快感，但是如果不解決現實問題，拖延下去只會讓情況變得更無助。

無論過一個小時還是一天，處於迷失時間的狀態中都會令人感覺時間飛快，因為只專注於快樂的人根本感覺不到時間流逝，當意識到自己虛度光陰時，歲月卻一去不復返了。

2. 時間割裂

另一種造成拖延的錯誤時間感是時間割裂，一旦處於不受時間限制的感覺中，容易割裂過去、現在和未來之間的關係，讓它們之間失去聯繫。而且，拖延者會盡力說服自己：「未來、過去和現在之間沒有任何關係。」

舉例來說，有個人曾在某事上拖延，當再次面臨同樣的任務時，因為不願意回想起之前經歷的恐懼、焦慮和壓力，而拒絕從過去的失敗中記取教訓，只希望這次的狀況會有所不同，進而順利解決問題。也就是說，不願主動改變以往的行事習慣，而是消極地期待外在條件變得有利於己。

然而，用單一視角看待過去、現在和未來，會失去時間的連續感，彷彿活在不連貫的時間斷層中。而且，不面對過去便無法做出改變，難以成為嶄新的自己，只會在錯誤中不斷地重蹈覆轍。

活在過去的光輝或陰影中，其實只是在逃避現實

深陷於過去經歷而無法正視現實的人，很容易養成拖延習慣。有些人過去輝煌、當下落魄，會不自覺地沉溺於過往的美好來安慰自己，無法正視現實生活。另外，過去灰暗的人容易沉浸在顧影自憐、自怨自艾的情緒中，忘記當下必須為未來打拚。這兩種人都是源自於逃避接受現實。

生活中各種應接不暇的事情讓人透不過氣，而懷揣過去的輝煌或灰暗可以轉移注意力，減輕現實生活中的痛苦。

喬治是大學的籃球隊隊員，擁有十分輝煌的成績，每次比賽都能獲得無數掌聲和讚嘆。但是，他在某次比賽中傷到腳踝，不得不結束籃球生涯，籃球明星的夢也

就此破滅。大學畢業後，喬治為了生計而成為汽車業務員，但他的心思從來不在工作上，總是一拖再拖。

喬治時常逢人就說：「我敢打賭你們沒做過什麼大事，也從沒聽過沸騰的觀眾在賽場上呼喊自己的名字！」喬治始終活在過去的回憶，認為自己永遠是籃球場上的明星。他沉溺於過去的輝煌而不正視現實生活，不只將拖延當作常態，甚至恥笑他人沒有出息。

其實，**每個人可能都曾刻意將自己的時間停留在生命的某個階段，而拒絕迎接下一個階段**。舉例來說，少年可能沉浸於幸福的童年而拒絕繁重的課業；中年人可能活在年輕人的世界裡，害怕面對身體變差、生理功能退化的事實；許多年屆退休的人不肯安排退休生活或不打理財務。但是隨著時間流逝，走向衰老是不爭的事實，每個人都必須學會面對現在和未來。

除了對輝煌過往念念不忘的人會受到過去影響，擁有不幸過往的人也容易對過往耿耿於懷，如果無法徹底擺脫，前進的腳步便會被拖住，而無法抵達理想中的未來。

金德和家人生活在不同城市，他雖然很想搬回家人身邊共同居住，卻遲遲沒有向公司申請調職。他並非做事拖拉的人，為什麼始終沒有行動呢？實際上，他一直無法釋懷幼年時的一些糟糕經歷。

金德上小學的時候，曾隨父母到大城市生活，那時他和同學相處得非常不愉快，因為他說話帶有鄉音，總是被其他同學取笑，最後甚至遭受孤立，但父母每天忙於工作，沒有發現他遇到的問題，而這件事延續到國中、高中，使他在學校中逐漸變得孤僻。

為了逃離困境，金德在申請大學志願時，特意選擇位於家鄉的學校，好回到自己最初熟悉的地方。畢業後，儘管在事業上小有成就，始終無法釋懷學生時期的慘澹過去，因此總是抗拒往大城市發展。金德以為事業的成功能讓自己忘記童年時代的陰影，但是一提到搬家的事情，拖延的行為就變得十分明顯。

無論過去發生什麼事，不管回憶起來是喜還是悲，它都會帶來影響。今天的自己是由昨天所構成，有些事情沒有對錯，仍必須勇於面對。由於我們沒辦法改變過去，只能認真對待當下的生活。

當你察覺因過去某件事導致拖延，便需要特別警惕，因為那可能是令人失去判斷力的信號，會使人荒廢現在而關注過去的感受。恐懼過去無法帶來任何好處，當腦海中總是充斥過往的影像，便對現在的生活構成影響，正所謂：「一朝被蛇咬，十年怕草繩。」

如果念念不忘過去的輝煌，或是無法釋懷過去的灰暗，可以試著審視自己與時間的關係，這麼做能讓心態變得更成熟，進而放棄心中的包袱、選擇面對現實，而不是用拖延的方式迴避。

別讓昨日困住明天！練習關注未來而非沉溺過去

正如前一節所述，有些拖延者之所以會原地踏步，很可能是因為他們總是沉浸於過去。過去可以分成兩類，一類是令人感到痛惜的失敗經歷，另外一類是讓人回味無窮的美好時光。失敗經歷讓人變得猶豫和膽怯，美妙無比的過去則使人陶醉其中。

不過，追憶並不是引起拖延的主要原因，最大的問題是單純追憶而和現實斷了聯繫。此外，有拖延習慣的人大多更容易想起令人沮喪的傷心事，而不會記得積極有趣的事。

❖心理學家證實，過分沉浸過去會造成拖延

心理學家長期研究拖延者的心理，想瞭解他們究竟怎麼看待時間。肖恩在接受實驗時描述自己的情況：「我經常想起自己曾放棄的工作、沒有買到票的音樂會、離我而去的前女友。現在的生活經常讓我感到無聊，沒什麼事能引起我的興趣。我和前女友已經分手七年，從此便沒有再交女朋友，我知道現在同事薇薇很喜歡我，但我始終沒有回應她。」

肖恩懷揣著過去，那些失去的美好經常在內心拉扯，讓他沒辦法開始新生活。由此看來，活在過去的拖延者對現在的時間毫無意識，他們看不到現在，總是無法自拔地沉浸於過去。

此外，他們也不關心未來。心理學家經過調查發現，這樣的拖延者一點也不在意將來的生活，對未來沒有任何期待，雖然生活在當下，卻不為明天做準備，而是享受當下、縱情歡樂。

如果想要克服拖延、按時完成任務，必須更加關注未來的目標，並且及時行

動，按期完成任務。這麼一來，通往未來的道路會變得較為輕鬆。然而，拖延者希望把事情推到明天，因為未來是那麼抽象與遙遠，彷彿不存在。

針對如何看待生活和時間的問題，一味地沉緬於過去、忽視現在和未來，會讓人覺得眼前生活十分無助，好像一切的努力都是徒勞無功。

我們無法改變過去，真正該做的是關注當下和未來的目標，並仔細觀察周圍發生什麼事，也許會發現那些讓生活更加精彩的事物。

如何讓心理時間貼近現實？正確管理時間有2方法

部分拖延者的時間觀念過於主觀，因此對時間的看法經常脫離實際。為了改善拖延的情況，必須掌握認知和管理時間的技巧。

許多人之所以無法準確地判斷時間，是因為把某項任務的時間估計得過長或過短。舉例來說，認為一天就能仔細讀完《基督山恩仇記》，就是把時間預估得太短。另外，有些人遲遲不肯打掃房間，理由是會占去過多時間，無法完成其他事情，這則是把時間預估得過長。

以上兩種情況都會造成拖延，甚至導致無法在預計時間內完成任務，或是擱置本來應該做的事情。

為了較準確地估計完成任務所需的時間，可以做些簡單的練習來調整心理時間。首先，估計自己完成任務會花多少時間，接著再記錄實際花費的時間，將兩份資料互相對比。

這個方法適用於生活中所有需要掌握時間的事物，可以先從處理郵件、整理報表等例行公事開始練習，習慣後能更準確地估算完成任務的時間，日後安排時間也會更得心應手，有效減少拖延。

進行時間認知的練習之後，還要學習管理時間，可以從兩個方面入手，分別是有效利用零碎時間，以及排除意外事件的干擾。

1. 有效利用零碎時間

養成靈活利用零碎時間的習慣後，只要有空閒便可以展開行動。假使完成任務需要三個小時，可以妥善利用零碎的十分鐘、十五分鐘、二十分鐘，而不是消極地等待完整的三個小時。

每個人每天都有些零碎時間，假如和朋友相約見面時，對方遲到十五分鐘，就等於有十五分鐘的零碎時間，而等車時可能會得到一個小時的零碎時間。一旦注意到這些零碎時間，會發現原來自己的時間這麼多。

而且，並不是隨時都有旺盛的精力，即使很幸運地找出完整的三小時，也未必有旺盛的精力在三個小時內做完事情。但是，善用零碎時間，更容易控制注意力和行動力。

2. 排除意外時間的干擾

理解利用零碎時間的好處後，還要學會規避可能造成意外的情況。舉例來說，打一通電話本來只需要三分鐘，但由於忘記電話號碼，花了十分鐘翻遍桌上所有的書籍和筆記本才找到。像這樣沒頭沒腦的事情，經常讓我們難以按時完成任務。如果想充分掌握時間，必須設法規避這類情況。

皮爾斯週一下午要面試，他知道自己應該為面試做準備，像是熨燙西裝、研究公司發展情況、準備自我介紹等，但是他花費大把時間在後面兩個任務上，遲遲沒有熨燙衣服。週一上午，皮爾斯把西裝拿出來熨燙時，卻不小心把西裝燙壞。像燙壞衣服這類的突發情況，會打亂我們原有的時間安排，不得不停下手邊的事情來處理，或是把事情延後。

生活中難免會出現一些差錯，必須盡可能規避這些意外，讓事情進行得更順暢。例如：及時備份工作檔案和通訊錄、出門避開交通擁堵的高峰期、平時準備好常備藥等，盡可能避免讓人措手不及的事情。

人們常因為無法確實掌控時間，而感到混亂或焦躁，但是時間是客觀的存在，不會因個人意志發生轉移或變化。因此，不需要感到慌亂和氣惱，只要透過一些方法使心理時間更接近客觀時間，便能提高做事效率、減少拖延。

驅除寄生筆記

- 人們感知時間是以過去、現在和未來為標準，如果只偏向其中一個或兩個，會產生矛盾和侷限。
- 人生每個階段的時間感會不停變化，停留在任何階段都可能養成拖延習慣。
- 沉溺於錯誤的時間感會導致兩種情況，一是在時間中迷失，二是將時間割裂。
- 如果念念不忘過往的輝煌或灰暗，可以試著審視自己與時間的關係。
- 時間是客觀存在，不會因個人意志而產生轉移或變化。

NOTE

/ / /

不論是認為太困難，還是覺得自己沒能力，都只是為拖延找藉口。這些難題的解決辦法就在身邊，選擇放棄或拖延，往往只是因為沒有求助或學習新知識的勇氣。

【宿主5】你是逃避型拖延嗎？

小孩的暑假作業，為何總是在開學前兩天才動筆？

人們不時會遇到一些令自己畏懼和恐慌的事，像是艱鉅的任務、對未知的不安。有些人面對這種情況覺得非常刺激，並勇於接受挑戰。但有些人屈於畏懼心理，想辦法逃避。

其實，逃避是人類面對恐懼所產生的自然反應，在某些情況下，逃離可以保證生命安全，但是在日常生活和工作中，很少涉及生命安全的問題，逃避只會使事情往後拖延。

❖為什麼會有逃避心理？

讓人產生逃避心理的因素很多，其中一種是信心不足。有些人由於沒自信，不相信自己有能力完成任務，所以一開始不會預設過高的目標，就不用挑戰不擅長的事情。

許多孩子對考試感到頭疼，寫作業總是拖拖拉拉，因為覺得讀書很難，沒辦法沉澱心情來複習功課。某些健康狀況需要改善的人，遲遲不肯運動和調整飲食結構，因為沒有信心能堅持下去。有些業績不好的銷售員常害怕與顧客溝通，總是想盡辦法不和顧客面對面。

小良從事保險銷售工作，第一個月沒有業績壓力，每天聽公司舉辦的講座、跟著資深同事學習、閱讀銷售類書籍，或者對著鏡子呼喊振奮人心的口號，日子過得很輕鬆。

但是到了第二個月，業績壓力開始向小良襲來，她坐在辦公桌前打電話給客戶，對方不是說在開會就是正在忙，讓她才打兩通就失去信心，甚至開始懷疑自己的能力，覺得沒辦法說服客戶，於是逐漸產生逃避的想法，只要能不打電話就盡量拖著不打。

一天很快過去，小良卻連一個客戶也沒有聯繫到，客戶的冷漠態度使她感到恐懼。她不相信自己能打動客戶、拓展業務，只好選擇逃避。這樣的業務員怎麼可能做出業績？即使是表現亮眼的業務員，都可能在銷售過程中經歷無數次拒絕。

被客戶拒絕是銷售過程中必須面對的主要問題之一，任何業務員都無法回避。有些人一開始便因為無數次的拒絕而喪失信心，但另一些抗壓力非常強的人，會把被拒絕當成平常之事。小良屬於前者，她拖拖拉拉地不肯主動聯繫客戶，只是白白浪費時間。

❖因為沒自信而降低期望值

缺乏自信而導致的拖延非常常見，很多人選擇放棄努力都與此有關。例如：某些慢性病患者對康復缺少信心，於是屈於身體現狀，不努力治癒疾病。

此外，缺乏自信的人會有意識地降低期望值，如果在某次考試得到六十分，只會將下次考試目標設定為六十五分，因為沒有自信能提高成績。

其實，缺乏信心導致的拖延並非突發狀況，而是逐漸形成。有些人自知缺乏自信，卻一再放任自己，養成拖延習慣也感到無可奈何。這樣的拖延者沒有宏偉的目標，事情只要做到一半就感到滿意。也就是說，他們不會真正付出努力，只會一直拖下去。

用拖延來逃避之前，有學習和求助兩條路

很多人都會有畏難的心理，就像考試時遇到稍有難度的題目，便會跳過不做，先從容易的開始著手。雖然這麼做情有可原，但難題不會因為拖著不做而消失，最終還是要解決。

日常生活中也會遇到許多類似的情況，有些人覺得解決困難十分痛苦，所以乾脆擱置不管，彷彿事情拖久了會變得容易或直接消失，但是大多數情況下，拖延反而使難度增大，最終發展到不可收拾的地步。

難度大是客觀事實，但不足以成為拖延的理由，事情拖到最後還是要解決，既然不得不做，不如心甘情願地迎接挑戰。而且，解決困難的過程不一定只有痛苦，

有時候充滿新奇，不僅能從中學習新知，還會帶來成就感。畢竟花費很長一段時間解出難題，會比花五分鐘解出簡單題目更開心。

面對自己力所不及的難題，並非只能拖延，還可以嘗試尋求他人協助。如果遇到實在解不出來的問題，身旁的親朋好友、同學或老師都是可求助的對象，總是有辦法能解決問題。

無論在生活還是工作中，許多任務都超出我們的能力範圍，要是遇見困難就躲開或拖延，會發現自己在團體中越來越沒地位，因為無法在難題中成長，便會拉大自己與他人之間的能力落差。

如果遇見難以解決的事情，懂得向他人求助，遇到能力不及的事情時，懂得加強學習，沒能力就會變成有能力，進而有效克服所遇到的困難。

假設某人因為工作的緣故，突然需要具備財經會計類的知識。一般情況下，只要學會看懂財務報表的基本能力便足夠，但許多人有刻板印象，認為這些專業知識非常困難，所以第一反應往往是沮喪和惱火。在這種情緒的感染下，人們會主觀地誇大工作難度。

但是，冷靜下來平復心情後，很快便會發現，原本以為高難度的事情，實際做起來並沒有那麼困難，而且還因為完成這項工作，而提高自己的能力。

不論是認為太困難，還是覺得自己沒能力，都只是為拖延找藉口。這些難題的解決辦法就在身邊，選擇放棄或拖延，往往只是因為沒有求助或學習新知識的勇氣。

那些成功者如何醞釀勝利的渴望？

一九八三年，美國加州的兩位心理學博士經臨床研究得出結論：**恐懼失敗會引起拖延**。一九八四年，佛蒙特大學的兩位教授共同發表一篇文章，指出很多學生由於害怕失敗，在寫作、選課等事情上拖延。

一九九二年，荷蘭格羅寧根大學的退休教授指出，有些學生之所以無法完成學業，是因為害怕失敗而引發拖延。二〇〇七年，加拿大卡爾加里大學的皮爾斯・斯蒂爾（Piers Steel）博士經過研究發現，拖延和害怕失敗之間有所關聯。他的結論是：害怕失敗會讓某些人拖延、不作為，但也會讓另一些人變得積極，選擇快速地著手行動。

隨後，研究者開始分析為什麼恐懼會導致拖延，有些人因為害怕辜負親朋好友的期望，因此什麼也不做；有些人害怕表現不夠出色而逃避；有的人認為自己不會成功，所以始終不敢行動。由此可見，因恐懼而拖延的情況，和信心不足導致的拖延很相似。

然而，加拿大卡爾頓大學的提摩西・皮修（Timothy Pychyl）教授和同事研究證明，因恐懼而拖延的情況，並不完全等於信心不足引發的拖延。當人們認為自己在某事上擁有完全的自主權，而且能掌控外在的條件，即使內心存有對失敗的恐懼，依然能夠採取行動。

也就是說，**人們只有在認為自己無法滿足需求時才會拖延，如果對某些事情沒有信心、無法預測結果，則很可能把事情擱置一旁、不予理睬。**簡單來說，拖延是信心不足和心理不夠強大所疊加的產物。

害怕失敗的拖延非常容易識別，如果有以下的想法或是曾經這麼說，多半屬於此類型的拖延：

「我根本做不好這件事，為什麼還要做呢？」

「事情完全不在我的控制範圍內，我到底該怎麼做？」

「還是放棄了，萬一不成功很丟臉！」

不過，即使有類似想法也不用擔心，總是會有克服的方法。如果可以多關注事情積極的一面，更容易展開行動、克服拖延。

許多人可能在潛意識中看輕自己，遲遲無法做出改變，總是相信命運和天命。或者曾經因為失敗而覺得自己能力不足、人生無能為力，彷彿努力也無法得到任何收穫，因此乾脆什麼也不做。

克服這種拖延必須在心理上做出兩個改變。首先，相信自己有改變的力量，盡力適應一切變化。其次，醞釀對勝利的渴望。只要知道自己需要改變，並且明白如何改善，就可以開始為克服拖延而行動。

夢想已久的機會終於到來，為什麼選擇放棄？

還有一種拖延很有趣，就是明明對某件事充滿憧憬，卻遲遲不肯行動。比方說，夢想四處旅行，卻從來不願意走出生活的城市；嚮往運動比賽卻從來沒參加過體育活動；想談戀愛卻不主動認識其他人。為什麼明明內心充滿嚮往，卻選擇什麼都不做？

喜歡旅行卻很少踏出家門的人，也許是不敢走出生活圈去體驗旅行樂趣，或是害怕旅途中遭遇難以應付的局面。嚮往運動比賽卻從不報名參賽的人，可能害怕在體育競賽中落敗，或是不願意花心力鍛鍊身體。至於想戀愛卻不主動認識別人，也許是恐懼在感情中受傷害，或害怕投入情感會失去自我。由此看來，他們一方面對這些事情充滿嚮往，另一方面害怕事情不受控制，所以遲遲不採取行動。

我們都不是先知，無法預測未來的事情會有什麼結果，更不能預料每個細節，擔憂害怕是人之常情。但是，**任何事情都具有雙面性，對特定事物產生恐懼，只會拖住前進的腳步**。

有對退休夫婦一直夢想環遊世界，他們年輕時害怕錢不夠、語言不通，無法應對在異國遇到的麻煩，但是當他們漸漸上年紀，又擔心體力無法負荷，於是這個夢想一拖再拖，遲遲沒有實現。後來夫婦倆因為某個契機，深刻體會到時間不等人的現實，如果之後疾病纏身或有什麼意外，將徹底無法實現這個夢想。

於是，夫婦倆決定不想這麼多，遇到問題再想辦法解決，終於在兩人都步入六十歲時，下定決心展開一趟異國之旅。真正開啟旅程後，發現途中並沒有想像中的可怕，反而是樂趣更多。之後，他們變得更加勇敢，經常出國旅行，退休後僅用幾年的時間，就走過四大洲、近二十個國家。

如果這對夫婦仍然擔憂和恐懼，怎麼可能體驗到旅行的樂趣呢？當然，旅途中想必遇到不少問題，但是兩人共同想辦法解決問題，讓旅行繼續下去。畢竟放棄追求樂趣，幾乎等於放棄生命中的精彩。

想要有收穫就必須先付出，如果害怕摔跤，哪個孩子能學會走路？電影《海上鋼琴師》（*The Legend of 1900*）的主角 1900 是客船上的棄嬰，一生都不曾離開船隻，直到那艘船退役，1900 仍舊沒有走下甲板，而是選擇跟船一起被炸毀。

1900 曾經愛上一名女乘客而想過下船，但是直到女孩下船也沒有鼓起勇氣向她表白。1900 心裡一直思念女孩，在朋友的勸說下，決定懷著對愛情生活的憧憬，到陸地上生活。

某年春天，所有船員都出來跟他告別，1900 穿著朋友送的駱駝毛大衣，緩慢走下船梯，但是走到一半就停下腳步。他茫然地看著繁華的紐約港，停了一會兒後，將自己的帽子扔到海裡，轉頭回到船上，並說自己再也不下船。

多年以後，1900 說當時返回船上是因為覺得世界太廣闊，大得讓他害怕，那些交錯的街道沒有終點，就像有無數個琴鍵的鋼琴，讓人感到恐懼。他寧願死亡，也不願意茫然地面對一個沒有盡頭的世界。

1900 的朋友為他無法下船感到惋惜，在一般人眼裡，在陸地生活遠比在海上航行更安全，學會認識街道也不會很困難，熟悉環境只是生活中的一部分而已。但是，1900卻因為對未知的陸地生活感到害怕，而遲遲不肯下船，甚至放棄自己喜歡的人。如果他勇敢走下甲板，拜訪心儀的女孩，說不定很快就適應環境，並且享受愛情。

在興趣與夢想上拖延的人自有理由，但與其拖延不如行動，不嘗試就永遠沒有機會體驗生活樂趣。**生命如此短暫，應該盡情體驗生命的樂趣，而不是光有嚮往卻不行動。**

若是連追求樂趣都要拖拖拉拉，人生將會失去許多鮮豔的回憶。想旅行就邁開大步走出去；想參加體育運動就趕快去報名；遇見一見鍾情的人就盡早表白。人們不該因恐懼未知而拒絕行動。

害怕社交圈變化而拖延，無法維持好的人際關係

每個人都希望尋求安穩，像是待在熟悉的環境、與認識多年的人來往、從事已經習慣的工作和職責，都會使人更有安全感。但是，有些人過於追求安穩，甚至達到害怕改變的程度，哪怕只是細小的改變，都會帶來恐慌和不安全感。

因此，害怕改變的人總是想辦法推遲可能導致改變的事物。例如：雖然急切地必須搬家，但搬家後要適應新的生活環境，於是拖著不去找房子。另外，有些人預感某些改變會引發變化、對熟悉的環境造成巨大影響，所以躊躇不前。例如：工作環境改變帶來人際關係的變化。

對某些人來說，改變人際關係的平衡是非常可怕的事，他們既擔心疏遠又恐懼

親近，只有保持現狀才能得到安全感。為此，他們會在自己的交際網中設置一條警戒線，警惕任何可能引起人際關係變化的事情，並且用拖延的方式讓人際關係維持現狀。

還有一些人害怕親密的人際關係，不會邀請任何人到家裡做客，也不跟其他人親密來往，儘管有時候感到孤獨，仍會避免參加與社交相關的活動或場合。一般情況下，恐懼社交可以分為以下幾種類型：

1. 害怕社交浪費太多時間和精力

有些人不換工作，因為害怕在新的工作環境中必須跟很多人打交道，或是出席聚餐和娛樂活動，這些活動令恐懼社交的人感到疲憊。雖然現在的工作有令人不滿的地方，但由於已熟悉和適應工作相關的人，能駕輕就熟地和他們打交道，因此選擇繼續忍耐。

2. 害怕過於親密的關係帶來傷害

一般來說，被親近的人傷害過或是有類似情況的人，都會抗拒過於親密的關係，由於經驗告訴自己，過於親密的關係不安全，為了能平靜生活，從來不會主動拓展交際圈，有約會也盡量不去，以避免與其他人發展成親密關係。

3. 因為怕失去，所以不去愛

其實，害怕親密關係的人十分渴望親近，卻不正視內心的渴望，只會逃避。雖然想展開一段戀情，卻拖拖拉拉地不去認識別人，因為害怕對方不能完全接受自己，或是不希望感情變得一發不可收拾。對他們而言，拖延是個保持平靜生活的策略。

此外，還有一些人害怕失去現有的人際往來，而過於依賴身旁的親近對象，不願意拓展新的交際圈，在沒有熟人的環境中，因為缺少像行動指南的人物，甚至不知道怎麼做事。

無論是害怕疏遠還是親近，懼怕人際關係改變的人，都是因為不想踏出目前的舒適圈，所以刻意拖延任何會改變人際關係的事情，例如：轉學、換工作、搬家等等。

但是，拖延無法解決人際方面的問題，因為我們要學會的是如何處理好人際關係，而不是靠拖延來維持現有的交際。親疏遠近的問題可以透過其他方法來解決，但是人生大事卻不能耽擱，對於人際交往抱持健康的心理，才能克服害怕人際關係改變而引起的拖延。為此，除了要強化心靈、戰勝對親密關係的恐懼，還要調適對朋友、親人的依賴。

如何以平常心看待失敗？戰勝恐懼心理有5重點

害怕失敗會引發拖延，為此要調適自己內心的恐懼，以便不再害怕犯錯，我們可以從心理和行為兩個方面來努力。在展開行動之前，調整好心態至關重要，並且最好要抱持以下三種態度。

❖調適內心恐懼應具備三種態度

1. 不追求第一次就做到最好，只要能完成任務即可

如果只想著如何把事情做得盡善盡美，很容易徒增壓力。因此，不要一開始就

定下完美目標，免得被沉重壓力綁手綁腳。前文提過，過度追求完美會使事情變得更困難，且削弱自信和幹勁，所以剛接手工作時，切記不要把目標訂得太高。

2. 辦法比困難多

如果太過憂慮未來，會使自己裹足不前，不如樂觀一點、不要想太多，相信船到橋頭自然直。

3. 即使失敗也得到寶貴經驗

失敗是改變的契機，也是成長的機會，可以試著回顧自己在失敗的行動中曾做出哪些努力？為什麼失敗？導致失敗最直接的原因是什麼？個人原因有哪些？總結出可能失敗的原因，並謹記教訓。

的確，如果經過長時間努力卻換來失敗結果，信心難免受挫，產生逃避和畏懼的心理也很正常。然而，不能沉溺於這種心情太久，回頭看看自己走過的路，也許已經離成功不遠，只要再前進一小步就能實現目標。

❖調適內心恐懼的兩種觀念

做好心理調適之後，便可以展開行動。以下介紹兩個重要觀念，各位務必在行動中貫徹。

1. 馬上去做，不拖拉

對拖延者來說，開始行動往往是最困難的步驟，因此一旦展開行動，便可以稱讚並鼓舞自己。等待天時地利是拖延者拒絕行動的最佳藉口，所以最重要的是拋開藉口，讓自己進入狀態，並養成接到任務便立刻行動的好習慣，在熱情尚未褪去之前，堅持把事情做完。

2. 遇到問題，就求助

很多害怕失敗的人只考慮自己的力量，忘記還有「向他人求助」的方法。然而，世界上沒有全能的人，懂得求助才能更有效率地完成任務。

極度愛面子的人通常不願意尋求協助，而是寧願眼睜睜看著時間流逝，也不願意找人幫忙，彷彿無法獨立完成某件事情很丟臉。但是，只要能解決問題，不論向誰求助都不重要，只求能順利度過難關。

驅除寄生筆記

- 逃避型拖延者沒有宏偉目標，覺得事情只要完成一半就很滿意，而不會付出努力。
- 難度大是客觀事實，但不是拖延的理由，事情拖到最後還是要解決，既然不得不做，不如心甘情願地迎接挑戰。
- 如果害怕失敗而拖延，必須在心理上做出兩個改變。首先，相信自己能盡力適應一切變化；其次，醞釀對於勝利的渴望。
- 人的一生需要學會處理好人際交往，而不是靠拖延來維持現有交際。
- 長時間努力卻換來失敗結果，難免會產生逃避和畏懼心理。然而，不妨將失敗當作改變的契機，以及成長的機會。

NOTE

/ / /

如果只考慮一件事情的誘惑，可能覺得問題沒有那麼嚴重，跟拖延並無直接關係，但如果累加所有的誘惑，會發現事實已經超乎想像。

第7章

【宿主6】你是誘惑型拖延嗎？

內心天人交戰，其實是前額葉皮質被抑制

日常生活中，常常會有內心陷入天人交戰的時刻。舉例來說，某人正準備執行減肥計畫，但是當看見誘人美食，心中的貪吃鬼冒出來說：「先吃完再減肥也不遲，多吃一頓有什麼關係呢？」這樣的掙扎會動搖決心，甚至破壞原先的計畫。而且，一旦臣服於誘惑一次，就可能有第二次，導致整個計畫徹底破產。

精神分析學的鼻祖佛洛依德，將人們內心的交戰比喻為馬和騎手，馬代表欲望和衝動，騎手代表理性和覺悟。此後，很多研究者對此進行闡述，但並未從科學的角度分析。

❖拖延是大腦兩個區域的消長

其實，計畫失敗並不能完全歸罪於自己沒毅力，與大腦結構也有很大的關係。今日科技發達，大腦已經變得不再那麼神秘，以下用科學的角度研究大腦，探討人們在拖延時，有哪些生理因素在作用。

這項研究使用類似功能性磁振造影（Functional Magnetic Resonance Imaging，簡稱ＦＭＲＩ）的儀器掃描大腦。研究者一邊向被測試者提問，一邊留意血流和神經的變化，觀察大腦的哪個部分參與活動。實驗發現，被測者回答問題之前，大腦有兩個區域參與活動，分別是前額葉皮質和大腦邊緣系統。

首先，前額葉皮質相當於戰略中心，除了能形成長遠的計畫和目標，還有執行任務的功能。前額葉皮質越發達，人就越自律，反之則沒有足夠的耐心完成任務，導致發生拖延。

另一個參與活動的是大腦邊緣系統，主要管理當下任務和具體的事情，能夠快速做出決定。比起前額葉皮質，大腦邊緣系統顯得更為活躍和善變，當感官受到刺激，便容易被衝動驅使，拋棄前額葉皮質制訂的計畫，轉而追求當下的感受。這就是為什麼我們明明知道該做什麼，卻沒有去做的原因。而且，大腦邊緣系統很少在理性之下就範，一旦開始活躍，便會被當下的欲望控制。

簡單來說，**拖延就是大腦邊緣系統為了眼前目標，而壓抑前額葉皮質**，使得眼前的事物變得更具有吸引力，因此前額葉皮質不發達的人更容易向欲望低頭。這也可以說明為什麼小孩總是忠於自我，因為他們的前額葉皮質還沒發育成熟，行為幾乎被大腦邊緣控制，需要成年監護者在旁耐心地輔助和幫忙。

隨著大腦的成長，小孩的前額葉皮質逐漸發育，耐心也隨之增長，但還不足以做出成熟決定。這時候，大人反覆的溝通有助於減少對大腦邊緣系統的依賴，讓前額葉皮質逐漸發育。例如：睡前不能吃零食、玩具要收好、吃飯時不能玩耍等。

雖然誘發拖延的因素很多，但許多時候其實是前額葉皮質和大腦邊緣系統反覆作用，主導人們的行為。

距離誘惑越近，自制力越容易失守

誘惑充斥於日常生活中的各個角落，資訊和交通的發達讓人們可以輕易接觸到更多刺激，那些事物不斷吸引人們的注意，導致許多現代人無法集中精力去做真正重要的事。舉例來說，某個人非常熱愛籃球，為了趕上籃球比賽的現場直播而放下手頭工作，等到比賽結束再加班趕工。

❖ 大小誘惑如何影響工作？

誘惑的大小與個人自制能力有關，對於自制力強的人來說，不太會被外在事物誘惑，而自制力差的人則容易被各種事物誘惑而分心。

很多人在工作中經常容易分散注意力，尤其當時間沒有那麼緊迫時，再小的誘惑都可能成為工作的絆腳石。隨著時間流逝，小誘惑可能逐漸失效，但是大誘惑仍然會綁架你的時間。

小明接到某個工作任務後，由於時間充裕，一開始顯得不疾不徐，一下子瀏覽網頁、一下子檢查社群網站，這些小誘惑不斷影響手頭上的工作進度。

隨著期限迫近，小明為了追上進度不得不加班，網頁和社群網站等小誘惑開始無法左右小明的時間安排。不過，這時卻出現大誘惑，原來心儀對象邀約週末一起去踏青，使他放棄假日加班趕工的念頭。最後，直到截止日期迫在眉睫，小明才抵禦所有誘惑，專心完成工作。

誘惑力越大，推遲工作的可能性越大，直到緊張感完全超越誘惑，才有可能踏踏實實地工作。誘惑就像磁鐵，離誘惑很遠時，感受不到吸引力，越靠近則越會被吸引，更容易發生耽誤正事的情況。

❖科技使娛樂誘惑大幅影響生活

如今很多工作都要依靠網路，但網路在帶來方便的同時，也帶來無限誘惑。張小姐是個喜歡網路購物的上班族，總是無法抵擋網購的誘惑，甚至因而耽誤工作。於是她決定在每次結帳前，讓另一位很少上網的同事幫忙檢查購物車，刪掉不需要的東西。

張小姐希望同事能幫她清空購物車中的所有商品，以克制自己網購的欲望。沒想到事情的發展超乎預期，那位同事原本沒有網購的習慣，幫忙張小姐幾次之後，竟然也迷上了網購。

仔細分析這件事，會發現原因很簡單，同事幫張小姐檢查商品的過程中，正逐漸靠近誘惑，而她離得越近，被誘惑的可能性越大。

隨著科技發展，娛樂性誘惑離我們越來越近，誘惑力也越來越強。人們花許多時間在高科技娛樂，引發的拖延也隨處可見。過去如果想看電影，必須走進電影院，現在我們隨時可以透過手機或電腦觀看電影。此外，現代人也不需要定時坐在電視機前，苦等每週只播出一集的連續劇，網路讓人們有更多的選擇。

各式各樣的誘惑接踵而至，我們如果只考慮一件事情的誘惑，可能覺得問題沒有那麼嚴重，跟拖延並無直接關係，但如果累加所有的誘惑，會發現事實已經超乎想像，而抵抗誘惑也是科技進步時代不可忽略的一大關鍵。

只顧及眼前享受，會導致拖延而亂大謀

正如前文所說，前額葉皮質掌管長遠目標，大腦邊緣系統控管眼前事物，當眼前的誘惑和長遠目標產生衝突，前額葉皮質和大腦邊緣系統會在大腦中進行爭鬥。如果前額葉皮質獲勝，人們會做出利於長遠目標的決定，如果邊緣系統獲勝，則傾向從事眼前想做的事。

一般情況下，眼前的誘惑會引發強烈衝動，讓人失去控制，許多人會在衝動的驅使下屈就於眼前的誘惑，導致目標拖延。

工作中經常發生類似情況。舉例來說，可能本來打算加班，同事卻臨時邀約去喝酒。加班是個相對長遠的目標，而喝酒則是眼前的誘惑。此時內心一定會經歷一

番爭扎，究竟要選擇拋下工作和同事一起喝酒，還是婉拒邀約而選擇加班？這個看似簡單的選擇題，正是造成工作拖延的最根本原因。日常生活中，這樣的誘惑情況比比皆是。

如果住家裡附近開設兩家餐廳，一家主打健康營養，另一家則是口味誘人，此時前額葉皮質傾向選擇第一家，因為可以滿足長遠的健康需求，而大腦邊緣系統則偏向第二家，因為能得到立即的味蕾享受。

順帶一提，許多廣告都是利用這種心理，達到刺激消費的目的。廣告針對消費的快感和享受大肆渲染，讓人欲罷不能，商家為了製造誘惑可謂機關算盡，仔細推敲如何讓食物更美味誘人、怎樣的包裝更刺激感官、商品擺在商場的哪個位置更引人注目、廣告投放在哪個媒體的哪個時段更有效果。

還有些人沉溺於電子產品，導致嚴重的拖延。舉個最貼近生活的例子，各位是否曾因為玩手機而耽擱工作？如今幾乎每個人都隨身攜帶手機，一旦手機不在身邊或沒電，便感到異常恐慌。而且，有時候即使手機沒響，也會忍不住隨時翻看，這個行為浪費了許多時間。

很多人就是這樣被眼前的享受所俘虜，而擱置手邊的工作，或是放棄學習的黃金時間。沒有人知道未來可能會面臨多大的誘惑，那個誘惑又會引發多嚴重的拖延。為此，我們需要有效的抵禦措施，才能防患未然。

抵擋誘惑不能光說不練，關鍵是斷絕一切後路

誘惑是拖延者最大的外在敵人，如果想要有效克服拖延，就要不斷抵擋外界的誘惑。然而，正如前文所說，當誘惑距離越近，我們越難克制自己，即使內心知道應該遠離誘惑，仍舊無法成功抵制。這並非自己辦法不夠多、不夠好，而是需要更多自覺，時刻嚴陣以待，抵禦誘惑的侵蝕。

每個人都有自己的長期規畫，例如：減肥、戒酒、鍛鍊、進修、旅行、存錢等，但是有幾件事情可以堅持到最後呢？

愛麗絲為了執行減肥計畫，把家裡的甜食和高熱量食物全部送人，並且對自己說：「我再也不買這些東西，眼不見為淨！」然而，隔天下班回家的路上，卻被新

開的甜點店所吸引，又買了鬆脆的甜點回家。愛麗絲始終沒辦法減肥成功的原因，正是無法抵抗誘惑，這就跟有人為了戒煙而不帶煙，但是看見別人抽煙就忍不住去買一樣。

❖借助外力是遠離誘惑的好方法

在追求目標的路上，誘惑總是會接連不斷地出現，但人們常高估自己抵禦誘惑的能力，導致目標一拖再拖，到最後全部變成泡影。如果自我隔離誘惑的方法不管用，可以考慮依賴他人的力量，讓自己遠離誘惑。

《孫子兵法》中寫道：「投之無所往，死且不北。死焉不得，士人盡力。」這句話的大意是：將自己放在沒有退路的位置上，迫使自己沿著長遠目標走下去。很多人會用這個戰術抵制誘惑，試圖戰勝拖延，就像正在節食的人說：「我不吃甜食，你們誰也不要給我甜點」，宣稱要戒煙的人說：「我在戒煙，誰也不要讓我看到煙！」

為了盡快實現目標，把所有誘惑都掐死的方法雖然較為極端，但相當有效率。法國大作家雨果為了專注寫作，曾與誘惑長期抗戰，他為了不把時間浪費在無意義的社交上，想盡各種辦法把自己留在家中寫書，卻沒什麼效果。

某天，雨果想到一個方法，他將自己的頭髮和鬍子都剃掉一半，只要有客人來訪，便用自己的外表滑稽為藉口，拒絕所有邀請，等到頭髮和鬍子重新長出來，作品也完成了。還有一次他為了減少外出、專心寫作，脫下所有衣服交給僕人，並再三吩咐：「等時間到了，再幫我把衣服送回來。」

❖利用自我欲望抵抗誘惑

拖延者最大的勁敵是自己的欲望，即使能靠毅力抵禦部分誘惑，不代表什麼都能抵禦，而且有時身旁的人也沒辦法幫忙。此時，可以考慮逆向操作，利用自己的欲望來抑制誘惑。

一九〇九年，卡萊爾信託公司針對聖誕節，提供一項儲蓄服務給客戶。如果在聖誕節之前領取帳戶中的存款，便要支付罰款給銀行。相反地，如果直到聖誕節前夕都沒提領帳戶存款，就能連同利息取回自己的錢。很多人選擇這種存款方式，因為潛在的罰款能讓他們克制消費欲望，不輕易把錢花光。

這種對策便是強制利用外力產生作用，許多減肥人士也使用這種懲罰手段減重，例如：若晚上吃了一個冰淇淋，便要做一百下伏地挺身。另外，還有一種避免賴床的「捐款鬧鐘」，只要賴床幾分鐘，鬧鐘就自動向慈善機構捐出一筆錢。

事實上，無論是遠離誘惑，還是依靠外界的力量，都不能徹底消除誘惑。如果對自己要求不夠嚴格，即使吃了一百個冰淇淋，也不會做一下伏地挺身。為了對抗拖延，必須有如鬥士不斷尋找對抗誘惑的方法。

驅除寄生筆記

- 大腦邊緣系統為了眼前誘惑而壓抑前額葉皮質，便會造成拖延。
- 誘惑力越大，推遲工作的可能性越大，直到緊張感完全超越誘惑，才有可能踏踏實實地工作。
- 眼前的誘惑會引發強烈衝動，讓人失去控制。很多人在情緒的驅使下屈於誘惑，導致目標拖延。
- 為了有效抵抗誘惑，可以消除所有誘因，並將自己放在沒有退路的位置上。

NOTE

/ / /

遇到難題時，最重要的不是快速解決，而是調整好心態，避免被不良情緒綁架，才有精力過關斬將。

第8章

時間管理——沒人監督也能自動按表操課！

遇到難題只想趕快逃避？4方法幫你找到解藥

在學習過程中，難免會面臨枯燥無聊的時刻，遇到難題更容易讓人想放棄。然而，難題是學習中不可避免的關卡，不論是複雜的英文句子、難懂的語法，或是繁複的公式，都可能變成阻礙的高牆，但千萬別讓這些難題成為放棄學習的原因。

學習中遇到不理解的地方時，便不得不停下來思考，因為不加以解決會產生氣餒的情緒。因此，遇到難題時，最重要的不是快速解決，而是調整好心態，避免被不良情緒綁架，才有精力過關斬將。

整理好心情之後，便可以尋找解決辦法，以下提供幾個建議供各位參考：

1. 試著找出不理解的原因

我們可以透過做題目或是實際操作，來檢查學習成果，並找出無法順利理解的原因，也許是因為基礎不夠扎實，或是還沒釐清某個概念或公式。如果發現問題出在基礎不扎實，便要反覆複習，若是因為沒釐清某個概念或公式，則要針對問題對症下藥。

2. 尋求週遭的協助

求助並不可恥，不論是身邊的朋友、同事或是以前的同學，都可能是我們的老師。很多問題不如想像中困難，只要幾句話便能解決。

3. 求助網路

網路是很好的交流平臺，也有許多專家會在網站幫人解答，但切記不要什麼都上網找答案。網路帶來便利卻也容易讓人變得懶惰，因此要掌握好分寸。

4. 借助工具書

工具書的內容比網路知識更可靠，許多無法透過網路解決的困難，也許能在相關工具書中找到解答。

5. 暫時擱置

假如無論如何都無法解決問題，可以考慮暫時擱置，因為我們的主要目的是學習，如果困在難題中而延遲，甚至為此失去自信、放棄學習計畫，可說是因小失大。先將任務短暫停擺也不失為一個方法，等深入學習後再回頭尋找解題方法，或者找機會請教他人。

學習需要持之以恆，不能一遇到問題就放棄，正確對待學習中的難題，有助於保持學習熱情，避免產生拖延。

為何明知道「裸考」會完蛋，卻不做好準備？

不管是學生還是上班族，都免不了面對大大小小的考試和面試，而且每次的考試都可能關係到自己的命運。許多拖延者在面對考試時，不是拖著不準備，就是乾脆逃避。有些人甚至無法在考場上認真答題，總是應付了事，我們稱這個現象為「考場拖延」，接下來將詳細介紹。

不論再怎麼拖延，考試都不會自行消失，唯一能做的就是認清自己在哪方面拖延，並找出克服或應對方法。考試、面試的拖延大致可分為四種情況：

1. 明知道要考試，還是不做準備

考前不複習的人大致可分成兩種，一種是不重視考試，不把它當一回事，另一種是過於重視考試而導致過度焦慮，無法集中精力做準備，於是發生拖延的情況。

2. 臨考前發現準備不足，乾脆放棄

有些人為了逃避考試，而把太晚起床、塞車、必須出差等狀況當作藉口，但這其實是沒有充分準備的證據。還有一些人則直接放棄考試，他們常說：「反正我一定考不好，乾脆不考」、「我這次完全沒有複習，等下次準備好再考」。顯而易見地，說出這些話的人清楚知道，沒有充分準備一定考不好，而沒做好準備正是拖延惹的禍。

3. 考場拖延

前文提過這個名詞，簡單來說就是在考場上拖延。為什麼在考試的緊急情勢下，會出現拖延的問題呢？可能是一開始就遭遇難題，之後自亂陣腳；可能是遇到眼熟卻想不起來的題目，而引發焦慮；可能在考試前夕發生一點小意外，導致無法專注。

考試中會遇到各種狀況，以致無法集中精力答題，心裡不停地想：「完了，這次一定會考砸！」這種情況下，心情焦慮卻又無計可施，只能眼睜睜看著時間一點一滴溜走。

克服考場拖延最重要的是讓自己冷靜下來，在時間允許的情況下，可以先閉上眼睛十秒或二十秒，讓大腦暫時放空，將影響情緒的事情擱置一旁，整理好心情之後，再繼續答題。

4. 面試拖延

一般來說，毫無準備的面試不可能帶來好結果，更何況有些大公司的招聘環節分為筆試和面試，重要職位甚至需要面試二、三次。如果沒有準備就上場，只會在筆試和面試上吃虧，最後連一半的實力也發揮不出來。然而，許多人明知道面試難度很高，還是不願意提前準備。這可能是因為對該職位或自己的能力沒信心，進而拖延、不準備，為自己找後路。

若希望能被好公司錄取，舉凡自我介紹、對該產業與職位的認知等，都要有系統地總結。別以為臨場發揮能顯示出自己的優秀，再怎麼有能力的人，都必須經歷準備的過程。

有些人看似毫不費力便通過考試，背後往往經過加倍努力。總而言之，千萬不要迷信臨場發揮，打有準備的仗會更有信心與把握。

一提到論文就想偷懶耍廢！重新找回熱情有5方法

拖延一旦成為習慣，工作、學習、生活都會麻煩不斷，但是拖延有各式各樣的成因和類型，很難一下子就擊中要害、對症下藥。以下介紹在學習時常見的拖延類型——論文拖延。

某些習慣在論文上拖延的學生，會對指導老師或教授說謊，例如：「印表機壞了，論文必須延期」、「身體不舒服，過幾天交」。他們不但對這些謊言絲毫沒有愧疚感，如果得到延期許可還會沾沾自喜。但是，當期限越拉越長，拖延的情況反而更加嚴重，而且若因為論文延遲而無法畢業，簡直是因小失大。與其處心積慮地編織謊言，不如將心思放在寫論文上。

論文是嚴謹、邏輯性強的文體，需要運用海量的資訊、縝密的思考才能完成，因此常令人卻步。每個人在論文上拖延的理由不盡相同，以下針對常見的論文寫作情況，總結出五個有效避免拖延的方法：

1. 對選題突然失去興趣

在論文大綱中尋找能提起興趣的部分，是找回寫作熱情的好方法，如果對其中一部分的內容感興趣，先集中精力完成也不錯。假設整個大綱全都枯燥乏味，完全提不起興致，可以和指導老師商量，是否能用更有個性的表述方式完成論文。

2. 看到論文便感到心情煩躁、無法堅持

一心想完成整篇論文，會給自己太大的壓力，可以將論文分解成若干個細小部分，一點一滴地攻克。另外要特別注意，不要因為細節不夠完美而沮喪，要反覆告訴自己：「堅持下去就能完成。」

3. 不想蒐集資料

寫論文必不可少蒐集資料的環節，因為論文是學術創作，需要充分瞭解自己的選題，而廣泛蒐集資料有助於掌握寫作靈魂。如果面對海量的資料而感到無所適從，不妨先大範圍地蒐集相關資料再歸納整理。只要用心分類和過濾，除了能用不同角度看待選題，甚至可以激發靈感，誕生出全新觀點或成果。

4. 只感受到完成論文的壓力，沒有寫作的動力

只著眼於目標會讓人感覺到任重道遠，不如先放輕鬆、不要想太多，先專心列出大綱。此外，最好避免一心多用導致分心，寫初稿時便專心想著完成初稿，當指導老師要求修改時，再根據老師的建議修改即可，不用給自己太大壓力。

5. 沒有自信，總是寫了又刪、刪了又寫

論文不是一朝一夕便能完成，寫草稿時只要達到草稿的水準即可，不用事事追求完美，集中精力於想寫的部分，用清晰的語言表達中心思想才是關鍵。如果實在

沒有自信。可以向其他人尋求建議和鼓勵。千萬別忘記，論文要經過多次修改才能完成。

如果寫作論文的過程中遇到障礙，應該積極尋求解決辦法，拖著不動筆，論文也不會自動完成。

學會制定計畫5方法，沒人監督也能自動按表操課！

人生每個階段都必須學習，但是在自我提升的同時，也伴隨不小的壓力。離開校園後，沒有學校作息時間的約束，兼顧工作和自主學習的難度非常大，總有些事情讓人不得不放下書本。

上班族的自主學習沒人在旁監督，需要非常強的自主性，稍不留神，注意力就會被與學習無關的事情勾走。因此，為了更有效率地學習，有些人會訂立學習計畫，但事實上，計畫只對特定的人有效，而對自制力差的人則無法發揮任何作用。

岑曉準備考會計師考試，非常認真地製作學習計畫，把週休二日都定為學習時間，從早上八點到中午十二點，下午兩點到晚上六點都排滿學習任務。依照計畫，週六本來應該七點起床、八點坐在書桌前學習，但是她睡到八點半，一直到九點半才開始念書。

岑曉好不容易翻開書開始學習，讀了一頁便打算上網查資料，但是一打開電腦便不由自主地開始玩遊戲，結果幾乎整個週末在遊戲中度過，八〇%的學習計畫都沒有完成。

無法按時完成計畫的拖延者非常常見，最大的問題是沒考慮到自身因素。本來應該是放鬆心情的週末，突然全被讀書排滿，而沒有緩衝的方案，一般人很難一下子適應如此巨大的改變。

而且，岑曉忽略了許多問題，像是自己真的能從早上八點到十二點都保持專注嗎？能早上七點準時起床嗎？因為沒考慮到這些問題，岑曉的計畫成為一張廢紙，完全沒有意義。

如果想讓學習不只是紙上談兵，必須列出具有實際意義的計畫表，以下提供五個擬定學習計畫時，要特別留意的觀念：

1. 客製化安排時間

每個人都有最佳的學習時間，有人清晨的記憶力最好，但是早飯後會打瞌睡；有人太早起床容易頭昏，無法集中精神；有人注意力只能集中半個小時；有人可以非常專注，整天讀書都不累。

岑曉如果早上七點起不來，可以把學習時間設定為早上九點開始，而且如果無法長期集中注意力，不適合一整天都安排學習，應該計畫休息的時間。

2. 訂立的計畫不能超過負荷

簡單來說，如果自己一個小時最多只能看十頁的內容，就不要設定一小時看二十頁的計畫，任何事情都是循序漸進，無法一步登天。

3. 充分利用零碎時間

岑曉還犯下一個錯誤，她不該只在週末念書，雖然這兩天讓我們擁有更完整的學習時間，但是週末與週末之間相隔太久，容易淡忘學過的知識。

更好的方法是，在週一到週五中抽出兩天，每天學習兩個小時，會比單純利用週末有效率。

4. 同時設定時間和學習內容

單純規畫幾點到幾點看書，無法達到明顯的約束效果。相對地，只制訂讀書範圍、沒有時間限制，同樣會讓計畫成為一紙空言。

一般來說，不論多麼細緻的計畫，沒有時間限制便容易被無限期推遲，導致學習計畫失去意義。因此，最好確實設定範圍：「今天必須看完這三頁」、「睡前再看三頁」，而不是「我要看三頁書」、「我睡覺前看書」。不夠具體的計畫會讓人不知不覺拖延。

5. 只要有進步，就為自己高興

一旦學習計畫失效，許多人會感到焦慮，甚至想放棄。此時不妨換個角度想，雖然沒完成計畫令人沮喪，但是今天的自己比昨天更進步。

假如某人平時沒有閱讀習慣，為了增廣見聞而擬定讀書計畫表，希望每天看十頁書，但實際上只看了兩頁。這時不用為了少看八頁感到懊惱，而是要為比昨天多看兩頁而高興。

現代人生活與工作忙碌，如果想利用工作之餘充實自己，不讓自己成為學習上的拖延者，擬定切合實際的學習計畫相當重要，這樣才能約束自己，完成學習目標。

從時間、學習、生活3方面，綜合調理拖延體質

上進心和拖延聽起來似乎有所矛盾，但現實中反而是上進的人更容易有拖延毛病。拖延的背後藏有許多繁複的成因，不只要克服一兩個問題，還必須多方面改進，例如：時間管理、任務管理和生活習慣等。

因此，需要從細小的地方著眼調整、綜合調理，以下針對時間管理、任務管理、生活與學習習慣這三方面，提供一些改善的方法。

❖時間管理的小技巧

1. 用等待的時間學習

充分利用出門辦事、排隊等候的時間學習，或是在手機存一些單字錄音，邊走路邊學習，都是很好的辦法。

2. 找出一天中記憶力最好的時段

每個人都會有狀態較好和較差的時段，可以充分利用該時段，並每天堅持學習，千萬不要中斷。

3. 為重要的事情多留點時間

人的精力有限，在重點科目和較難的科目上必然會花費很多時間，而且為了因應突發情況，必須預留時間以防萬一。假如在列印論文的過程中，印表機突然故障，必須預留時間應付這個突發狀況。因此，盡量不要把事情拖到截止日的前一天晚上甚至是當天，多為自己預留時間，可以讓事情變得更穩妥。

4. 靈活地管理自己的時間

我們平時很可能會被突發事件打斷，不得不改變原有的時間計畫。因此，任務與任務之間要多留些空檔，以及可自由安排的時間，不只能給自己喘息空間，也能在遭遇突發情況時妥善處理。

❖管理任務的小技巧

1. 別小看沒做過的學習任務

不論是工作還是學習，當從事自己不熟悉的事情時，千萬別低估犯錯的機率，否則稍有不順便會感到氣餒，甚至延長完成任務的時間。此外，當所剩時間越短，越難找出錯誤的地方，因此預留檢查的時間非常重要。

2. 面對新任務時，提前做好準備

假如下週是與老師或主管面談的日子，提前將遇到的問題和討論重點準備好，才能得到更為具體的回饋。面對新任務時也是如此，提早做好準備等於將難題解決了一半。

3. 在精力最好的時候做最難的事

許多人常希望困難的事情越早解決越好，但凡事不能強求，最好趁精力最旺盛時解決難題，省得懸在心中壓迫自己。

❖調理學習和生活習慣的小技巧

1. 選擇一個固定的學習環境

經常在相同地點學習，會讓人產生穩固的思維模式，更快速地進入學習狀態。如果選擇在家裡或宿舍學習，不只充斥著各種誘惑，還會讓人聯想到休息，以致不

小心把時間消磨殆盡。

2. 找個一起進步的夥伴

與周圍的人一起努力，有助於營造出積極的學習氣氛，也會帶來良性影響。假如自己懈怠，旁人會及時給予鼓勵與提醒、互相激勵，因此不會輕易放棄學習。

3. 留點時間給生活雜事

學習和生活要取得平衡，不能急於學習而忽略生活，假如沒有安排好生活，便無法安心學習。此外，別忘記為自己留些娛樂時間，適當的放鬆可以緩解壓力，長時間學習反而容易引發焦慮等不良情緒。

4. 對不必要的事情說不

為了完成學習目標，不能輕易打亂計畫，若是受邀出席不必要的活動，不需要礙於情面而勉強答應，沒有原則的計畫並無效力。

進步只能靠自身的努力，不努力就無法提升能力。因此，拖延者必須掌握有效約束自己學習的方法。這樣一來，即使還不瞭解確切的拖延成因，也可以提升或增進能力。

驅除寄生筆記

- 學習需要持之以恆，不能遇到問題就放棄，正確對待學習中的難題，有助於保持熱情、避免拖延。
- 考試不會自行消失，唯一能做的就是認清自己在哪方面拖延，並找出克服或應對方法。
- 在寫作論文的過程中，若遇到障礙，應該積極尋求解決辦法，拖著不動筆，論文也不會自動完成。
- 無法按時完成計畫的拖延者非常常見，最大的問題是製作時沒有考慮到自身因素。
- 有拖延毛病的人大多背後都有複雜的成因，因此必須綜合調整體質。

NOTE

/ / /

為了避免因無趣而拖延，除了慎重選擇之外，還要注重培養興趣，大腦才不會總是發出無聊訊號，讓人走不出拖延困境。

情緒管理——每天幫自己的工作添加樂趣！

別讓厭世情緒成為發動拖延的開關

每個人都有不喜歡做的事，無法提起勁做討厭的事情是人之常情，所以有人寧可做家事或其他雜事，也不願意碰那些不想做的事情。而且，人們在心理享受程度高時，做事會比較積極；心理享受程度低時，怎麼也行動不起來。當喜歡的事情和討厭的事情同時擺在眼前，誰都會選喜歡的先做。

一般情況下，沒有人會高效處理討厭的事情，所有人面對厭煩的事情時，都會一拖再拖，因此很多人在大掃除、看醫生、鍛鍊等事情上拖延。比方說，花大錢辦了健身卡，卻沒有堅持健身；不喜歡去醫院，直到病痛忍無可忍才掛號看病。

每個人討厭的事情不盡相同，有人討厭洗衣服、有人討厭做飯、有人的廚房水槽總是堆放沒洗的碗筷。如果不知道自己是厭煩什麼而拖延，只要回憶平時都是怎麼抱怨即可。

人們往往十分熱衷於令人愉快和有興趣的事情，對於無法帶來愉悅的生活瑣事，卻總是一拖再拖。很多拖延症的人十分厭惡工作和生活中的零碎事情，總是不停抱怨：「這些事情真是煩死人了，我一點也不想做。」若是非做不可，他們會選擇速戰速決、草草了事。

小劉在一個月前就該開始寫畢業論文，但是她遲遲沒有動手，只要有人跟她提起這件事，她就感到十分厭煩。最後期限將至，她才心不甘情不願地坐在電腦前，準備利用一天的時間快速完成論文。

然而，當她準備專心寫論文，腦子裡卻一片空白，不知從何處下手，才剛敲完一行字就開始用通訊軟體和朋友聊天，直到午飯時間小劉才如夢初醒：「我不是要寫論文嗎？怎麼一個早上才打了一行字？」

午飯後，小劉帶著睡意再次坐回電腦前，心想：「唉，這樣下去一定寫不完，還是想辦法湊一篇出來吧！」於是她開始在網路上搜索相關文章，很快地隨意拼湊出一篇論文。

由於人們在不喜歡的事情上很難投入精力，因此做選擇時更要花心力仔細考量，像是盡量選擇感興趣的科系和職業，否則學業和職業不僅會變成痛苦的泉源，還會因為缺乏積極性而影響個人發展。

為了避免因無趣而拖延，除了慎重選擇之外，還要注重培養興趣，大腦才不會總是發出無聊訊號，讓人走不出拖延困境。

如果討厭做家事，可以想像窗明几淨的房間；如果討厭寫論文，請將論文想像成代表個人研究成果的結晶；如果討厭鍛鍊，可以看看那些好身材的人是多麼自信。無論如何，請找到激發行動的動力。

如何跨過倦怠期？找回工作動力有3關鍵

一般來說，工作不存在太多的隨機性和偶然，收穫總是跟投入的心力成正比，投入越多收穫才有可能越豐盛。因此，克服拖延除了必須全力付出，提高工作的熱情也相當重要。

在全力投入工作前，必須先調適好心理，即便知道自己習慣拖延，也不能將其當作理所當然，否則事情可能做到一半就會想放棄，嚴重影響做事的決心。為此我們需要做好心理準備，再克服工作拖延。

有些人明知自己無法按時完成工作、對工作非常反感，卻總是期望截止日的壓力能為自己帶來動力，這種想法非常容易加重拖延，最好盡早拋棄，因為在壓力之下不但無法表現得更好，還可能因為時間太倉促而無法完成任務。

有些人則是前文提過的完美主義者，因為害怕面對失敗而遲遲不肯動作，如果自己也意識到這個潛在原因，更能輕易拋棄這些讓人拖延的心態。

可以從不同方面進行心理調適，進而樹立全新的觀念，以激發工作熱情，讓全身心投入到工作中。

1. 建立工作自信

你對自己的工作有自信嗎？信心過低不利於完成任務，只有看到自己的長處和能力，才能發揮實力並增強競爭力。如果自信心不足，請回想過去的工作或學習經歷，找出曾經出色完成的任務，以提高自信。

2. 重視專注的重要性

工作時，如果思緒總是游離在外，或是常將注意力集中在可能失敗的問題上，當然會感到力不從心、無法集中精力。因此，必須練習專注於當下的工作，而不是左思右想。

3. 發現自己的優勢

知道自己的優勢有助於找到天職，如果發現自己在做報表時總是如魚得水，或是受到主管與同事的誇獎，便可得知自己的長處在於做報表，每個月也會更樂於及時完成報表，而非拖延。

調整好以上觀念後，再重新審視工作，會發現事情其實沒有想像中那麼困難，或是討人厭。另外，許多人經常在工作上有各式各樣的迷信，像是週一或週二表現最佳等，但這個說法因人而異，也許只適用某部分人。而且，如果過於迷信這種說法，反而會導致其他時間無所作為。

事實上，沒有人能預知將來會發生什麼事，更不知道會出現什麼意想不到的任務，與其聽信迷信，不如每個工作日都盡心竭力。

拖延者如果能在工作中全力以赴，便可以克服絕大部分的工作拖延，一開始做不到也沒關係，只要集中八〇％的精力去完成工作任務，便可說是非常了不起。但要特別注意，不能隨意降低要求，一心只想著付出八〇％，那麼可能連六〇％的達成度都做不到。

為工作添加小趣味，例行公事也可以很精采

令人感到枯燥的工作很常引發拖延，但如今大多數工作為了避免意外和不確定因素，正走向制式化與標準化，這也代表工作將越來越枯燥。一開始，工作流程制式化的革命發生在工廠，現在則向各個行業蔓延。因此，必須克服這種枯燥，才能避免拖延。

人們討厭無聊又機械式的勞動，甚至寧願選擇體力勞動的工作，而且一些看似有趣或刺激的事情，日子久了也會變得機械化、使人生厭。枯燥的工作讓我們變得像機器人，除了不停重複相同動作，似乎沒有其他用途。

電影《摩登時代》（*Modern Times*）詼諧地反映出工廠裡機械式的工作，但如

果身臨其境，恐怕無法從中找到電影所顯現的詼諧和幽默。人們生性討厭機械性的重複工作，因此容易發生拖延情況。

為了讓工作不再那麼枯燥無聊，需要從源頭上截斷工作拖延的洪流。如果對工作的感覺能有一百八十度的轉彎，開始認為工作有趣，是再好不過的事，但現實往往沒那麼容易。

某些公司為了提振員工士氣，每個月或每週會展開小競賽，讓原本制式的工作變得充滿競爭性，而且每次可以換個主題，例如：效率、品質、出勤率、投訴率、退貨率等等。

如此一來，沉悶的工作便能多一絲趣味，沖淡工作的煩悶感，面對工作時也不容易產生倦怠情緒，於是更積極地完成工作。如果公司沒有這類的活動，可以自行在工作中找些樂趣，例如：自己和自己競賽，進而提高工作動力。

通常剛進入新的職場時，並不會覺得太無聊，因為環境和工作內容皆會帶來新鮮感，興奮和緊張激發我們的工作熱情。不過，隨著逐漸進入狀態，熟悉環境和工作內容後，無聊的感覺很快會襲來。

順帶一提，**工作內容和能力有個特定比例，當能力遠遠超過工作難度時，便會感到無趣**。因此，可以藉由提高工作難度、增加挑戰性，降低枯燥感。

串聯工作和私事也有助於提高興趣並積極行動。各位可以回想自己為何對某任務感興趣，可能正是因為它的某個部分跟個人有所聯繫。舉例來說，到其他城市出差常被視為苦差事，但若情人住在出差的城市，便可以利用空檔見面，此時出差成為一樁美事，令人充滿期待與熱情，進而積極接受這項任務。

制訂帶有激勵色彩、具有極大吸引力的目標，有助於激發積極性，不過要特別注意潛在變因與意外，否則極有可能又回到拖延的原點。

人類不是機器人，有權利討厭機械性的勞動，但是沒有權利始終拖延，為此可以盡量讓工作變得生動有趣，以克服工作中拖延的毛病。

無法找到適合的天職？也許你不夠瞭解自己

如前文所述，抵抗或厭煩工作很容易產生拖延，但是這個世界上沒有十全十美的工作，無論看似多麼夢幻的工作內容與環境，一旦置身其中便會發現它不盡如人意之處。不過，如果從事自己極度熱愛的工作，便會努力付出，不再因為厭煩而發生拖延。

某些喜歡網路遊戲的人會利用遊戲賺錢，出售遊戲中的裝備、虛擬金幣以換得收入，每天工作十八個小時都不疲倦。他們在工作中全力以赴，很少出現拖延的情況，因為工作就是他們的興趣所在。

由此可知，從事熱愛的工作是避免拖延的好方法，而且工作的魅力會時時發揮作用，源源不斷地提供熱情。

不過，找到充滿興趣的工作並不如想像中容易，有些人接觸的工作類型比較少，因此難以挑選出喜歡的工作。有些人則是不夠瞭解自己，不知道真正的長處或興趣所在，很難找到喜愛的工作。

尋找喜歡的工作前，必須對自身能力和條件有全面性的認識，審視是否具備符合這個職業的條件。舉例來說，運動員和舞蹈家必須具備良好的身體素質，有一定的身高、特定身材比例等；節目主持人必須口齒清晰、反應靈敏、記憶力好等。我們不只要選擇自己喜歡的工作，還要選擇有能力做好的職業。

接下來，要對想從事的工作有所瞭解。許多人不夠理解嚮往的職業，也不知道具體的工作內容。例如：從小夢想當科學家，卻不知道科學家的工作內容，等到真的當上科學家，才發現和想像的大相逕庭，根本不是興趣所在。

日常生活中很容易看到類似情況，某人十分嚮往一項工作，花費大量心力才實現夢想，但是入行後卻出現拖延的情況，沒有表現出太大的熱情，可能正是因為實際工作內容與過去的想像有所出入。

在生活的壓力下，許多人不能在職場上持續追求興趣，但如果幸運地有機會做出選擇，一定要選自己喜歡且能勝任的工作。一旦在工作中獲得興趣，再也不會因為討厭工作而成為拖延者。

驅除寄生筆記

- 人們往往十分熱衷令人愉快和有興趣的事情，而在一些枯燥的生活瑣事上一拖再拖。
- 建立工作自信、培養專注力、發現自我優勢後，再重新審視工作，會發現事情沒那麼困難和討人厭。
- 工作內容和能力有個特定比例，當能力遠超過工作難度，便會感到無趣，此時可藉由增加挑戰性降低枯燥感。
- 從事喜歡的工作是避免拖延的好方法，工作的魅力會時時發揮作用，源源不斷地提供熱情。

國家圖書館出版品預行編目（CIP）資料

拖延寄生：42 招聰明管理時間，改變混亂人生！／陳美錦著；新北市：大樂文化，2019.09
224 面；14.8×21 公分. --（SMART；89）

ISBN 978-957-8710-40-5（平裝）
1. 時間管理

494.01　　108014601

SMART 089

拖延寄生

42 招聰明管理時間，改變混亂人生！

作　　者／陳美錦
封面設計／蕭壽佳
內頁排版／顏麟驊
責任編輯／劉又綺
主　　編／皮海屏
發行專員／劉怡安、王薇捷
會計經理／陳碧蘭
發行經理／高世權、呂和儒
總編輯、總經理／蔡連壽

出 版 者／大樂文化有限公司
地址：新北市板橋區文化路一段 268 號 18 樓之1
電話：（02）2258-3656
傳真：（02）2258-3660
詢問購書相關資訊請洽：2258-3656
郵政劃撥帳號／50211045　戶名／大樂文化有限公司

香港發行／豐達出版發行有限公司
地址：香港柴灣永泰道 70 號柴灣工業城 2 期 1805 室
電話：852-2172 6513　傳真：852-2172 4355

法律顧問／第一國際法律事務所余淑杏律師
印　　刷／韋懋實業有限公司

出版日期／2019 年 9 月 30 日
定　　價／260 元（缺頁或損毀的書，請寄回更換）
I S B N　978-957-8710-40-5

大樂文化

大樂文化